高等学校公共基础课系列教材

Python 语言程序设计实践教程

主　编　王　颖　文　宏　阳　锋

副主编　张世文　黄　晶　黄卫红

西安电子科技大学出版社

内 容 简 介

本书是《Python 语言程序设计基础》(张世文等主编，西安电子科技大学出版社出版)一书的配套实践教程，主要内容包括三部分：实验指导、习题与解答、计算机等级考试二级 Python 模拟试题。

实验指导部分中的每个实验均由实验目的、实验范例和实验内容组成，实验内容紧扣 Python 语言知识点，且难易结合，有助于学生巩固知识、拓宽思路、提高程序设计水平。为了让学生更扎实地掌握 Python 语言，本书对理论教材的每一章都给出了相应的习题与解答，以方便教师指导学生上机实践。此外，本书还提供了四套计算机等级考试二级 Python 模拟试题，并给出了参考答案，有需要的学生可以参考使用。

本书可作为高等院校各专业 Python 语言程序设计基础课程的实践教材，也可作为计算机等级考试二级 Python 语言程序设计考试的参考用书。

图书在版编目（CIP）数据

Python 语言程序设计实践教程 / 王颖，文宏，阳锋主编. -- 西安 ：西安电子科技大学出版社, 2025. 1. -- ISBN 978-7-5606-7479-7

Ⅰ. TP312.8

中国国家版本馆 CIP 数据核字第 2025KY6730 号

策　　划　杨丕勇
责任编辑　张　玮　杨丕勇
出版发行　西安电子科技大学出版社（西安市太白南路 2 号）
电　　话　（029）88202421　88201467　　邮　　编　710071
网　　址　www.xduph.com　　电子邮箱　xdupfxb001@163.com
经　　销　新华书店
印刷单位　咸阳华盛印务有限责任公司
版　　次　2025 年 1 月第 1 版　2025 年 1 月第 1 次印刷
开　　本　787 毫米×1092 毫米　1/16　印 张 9
字　　数　210 千字
定　　价　28.00 元
ISBN 978-7-5606-7479-7

XDUP 7780001-1

前　言

Preface

在当今的技术环境下，Python 是一门极具人气的编程语言，其在人工智能、机器学习和数据科学等领域得到了广泛应用。本书旨在通过实践教学的方法，帮助读者深入理解并有效运用 Python 来解决实际问题。

学习 Python 的关键是实践。通过实际编写程序并解决问题，读者可以更好地理解 Python 的理论知识和技术细节。鉴于此，本书提供了丰富的实验范例及编程题，以确保读者能通过动手操作来巩固和扩展其编程技能。

为了更好地帮助读者使用本教程，建议读者采用以下策略来优化学习过程：

(1) 动手实践每一个实验。实践是检验和巩固知识的最佳方式，读者应积极完成书中安排的所有编程任务。

(2) 深入理解概念。除了完成代码运行，读者还应努力理解其背后的原理。

(3) 保持学习的热情和持续性。编程技能是逐步积累的，持续学习新工具和语言特性对于保持个人竞争力至关重要。

(4) 参与社区讨论。加入 Python 和相关技术的社区，参与讨论，有助于提升编程技能。

本书由王颖、文宏、阳锋、黄晶和黄卫红老师编写，由张世文老师统稿。在编写本书的过程中，我们深感写作之艰辛，但内心充满着对知识共享的热情和对教育事业的承诺。非常感谢所有支持和帮助我们的同事和朋友，感谢每一位读者的信任和选择。

由于编者水平有限，书中难免存在不妥之处，敬请广大读者批评指正。

编　者

2024 年 5 月

目　录

CONTENTS

第一部分

实 验 指 导

实验 1 Python 开发环境的安装及使用

一、实验目的

(1) 掌握 Python 的下载与安装方法。

(2) 掌握 IDLE 和 PyCharm 3.10 开发环境的一般使用方法。

二、实验范例

1. 安装 Python 3.10

整个安装过程可以分为四步：

(1) 连接官网。如图 1-1 所示，登录 Python 官网(http://www.python.org)，然后在页面中找到正确的 Windows 的 64 位安装版本。也可以直接访问 https://www.python.org/downloads/release/python-310/。

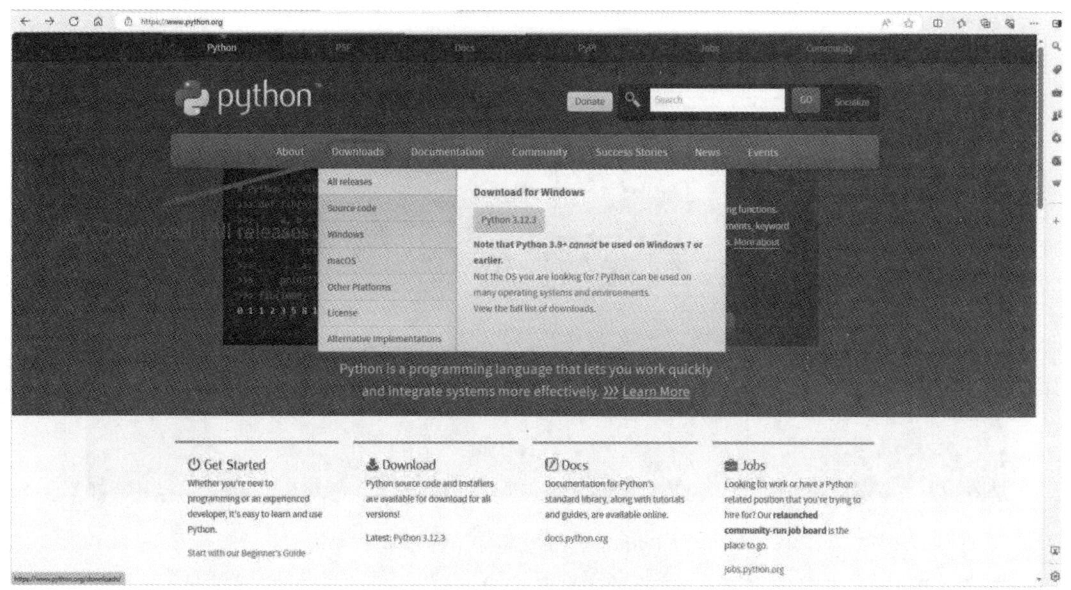

图 1-1 Python 官网首页下载界面

(2) 选择安装资源。下载时需选择特定版本号，如图 1-2 所示。这里选择 3.10 版本。

Python version	Maintenance status	First released	End of support	Release schedule
3.13	prerelease	2024-10-01 (planned)	2029-10	PEP 719
3.12	bugfix	2023-10-02	2028-10	PEP 693
3.11	bugfix	2022-10-24	2027-10	PEP 664
3.10	security	2021-10-04	2026-10	PEP 619
3.9	security	2020-10-05	2025-10	PEP 596
3.8	security	2019-10-14	2024-10	PEP 569

Looking for a specific release?

Python releases by version number:

Release version	Release date		Click for more
Python 3.12.3	April 9, 2024	Download	Release Notes
Python 3.11.9	April 2, 2024	Download	Release Notes
Python 3.10.14	March 19, 2024	Download	Release Notes
Python 3.9.19	March 19, 2024	Download	Release Notes
Python 3.8.19	March 19, 2024	Download	Release Notes
Python 3.11.8	Feb. 6, 2024	Download	Release Notes
Python 3.12.2	Feb. 6, 2024	Download	Release Notes

View older releases

图 1-2　选择安装资源

(3) 下载并安装。软件下载完成后点击打开，勾选所有选项，然后按引导点击“下一步”，直到安装完成。

(4) 运行测试。软件安装完成后，需要对其进行测试。在命令提示符窗口中输入“python”，可进入 Python 环境，提示符是 >>>；也可以通过桌面的快捷方式进入 Python 环境。若 Python 安装完毕，则在命令提示符窗口中会显示版本号，如图 1-3 所示。

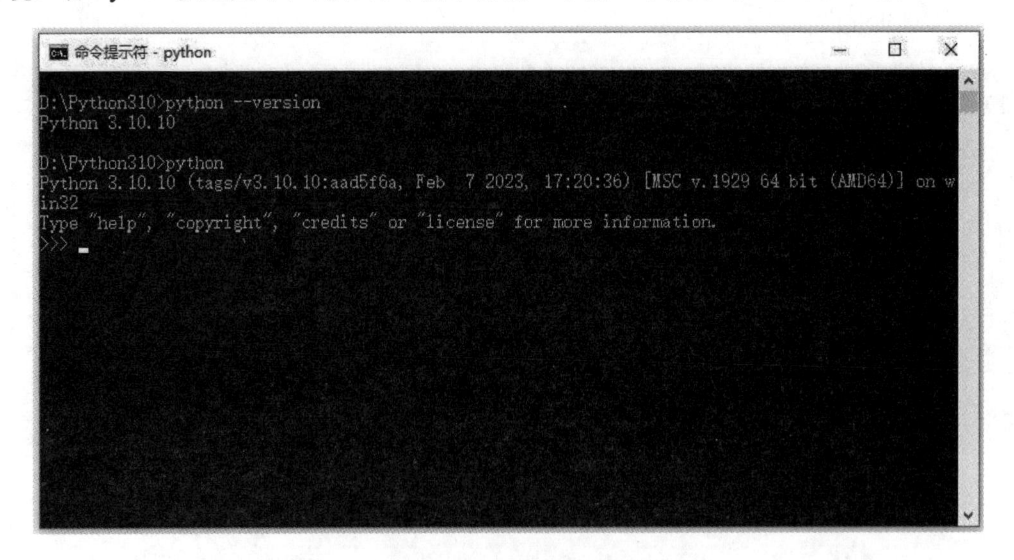

图 1-3　Python 3.10 安装完毕显示版本号

注意：Python 安装完成后，自带的 IDLE 集成开发工具也同时安装完成。

2. 下载安装 PyCharm

(1) 下载 PyCharm。登录 PyCharm 官网(https://www.jetbrains.com/pycharm/download/)，按如图 1-4 所示的步骤下载 PyCharm。

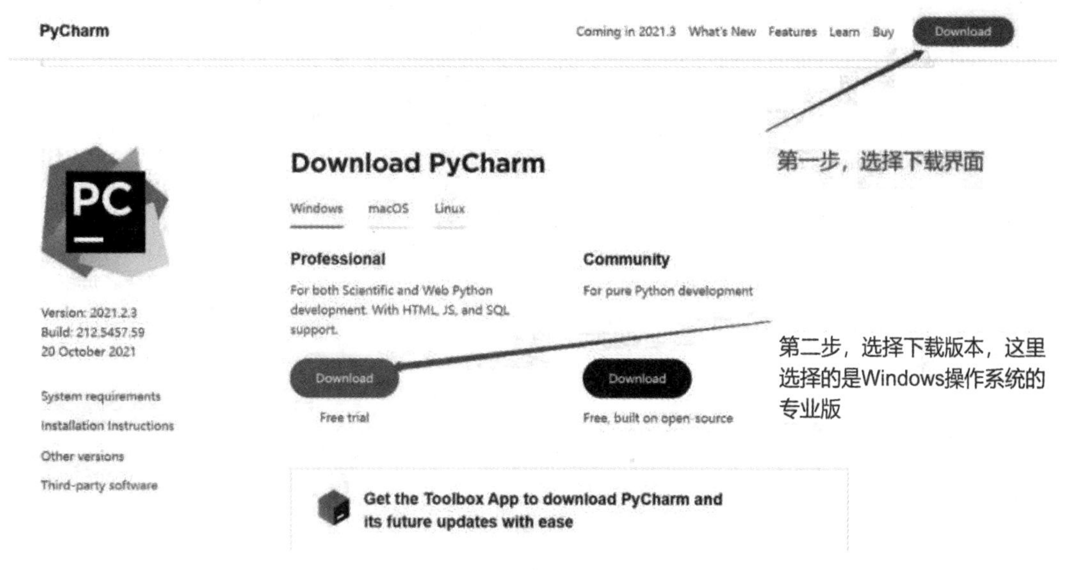

图 1-4　下载 PyCharm

(2) 安装 PyCharm。双击下载好的安装包，进入如图 1-5 所示的界面，按照提示进行安装。

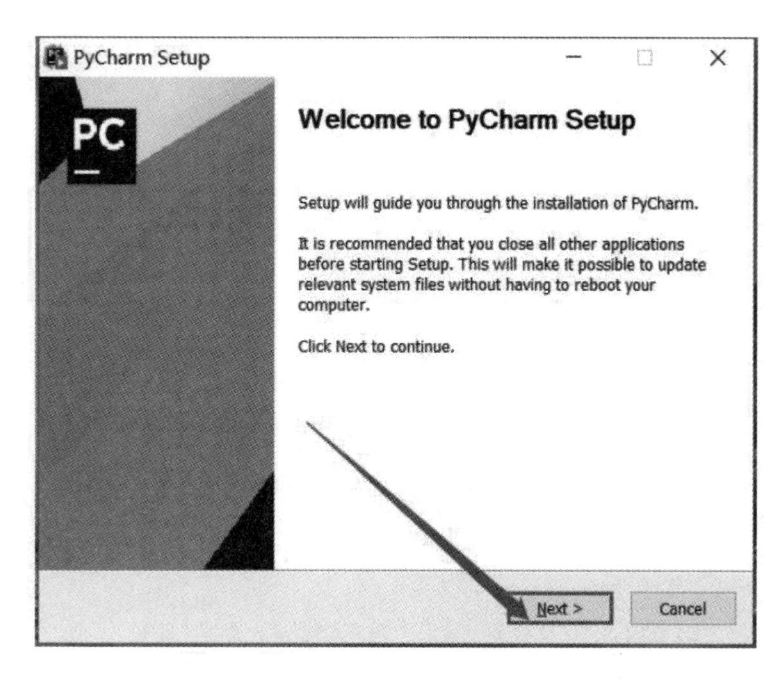

图 1-5　开始安装 PyCharm

选择安装路径时，最好不要选择安装在 C 盘，可以是“D:/pycharm3.10”等；相关选项设置如图 1-6 所示。安装完成后的界面如图 1-7 所示。

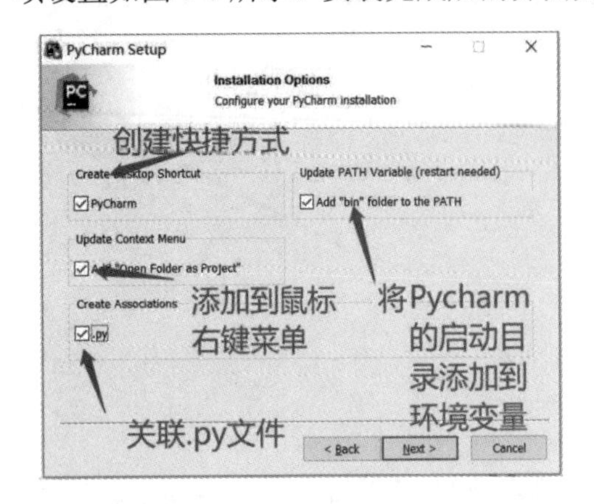

图 1-6　设置过程中的选项及含义

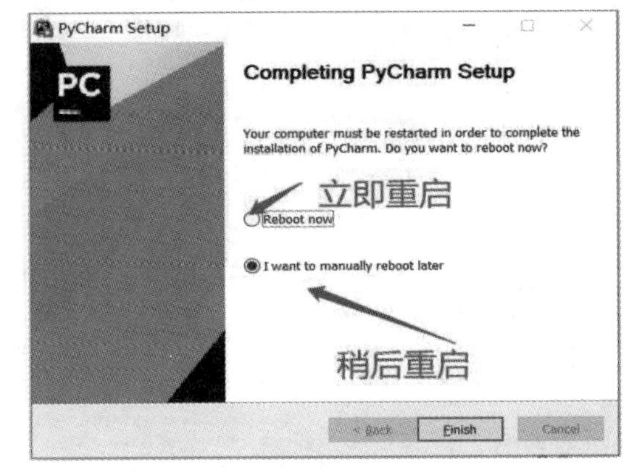

图 1-7　PyCharm 3.10 安装成功

3. 为 PyCharm 配置环境变量

(1) 右键点击“我的电脑”，选择“属性”，然后按图 1-8 所示的步骤设置 PyCharm 的搜索路径。

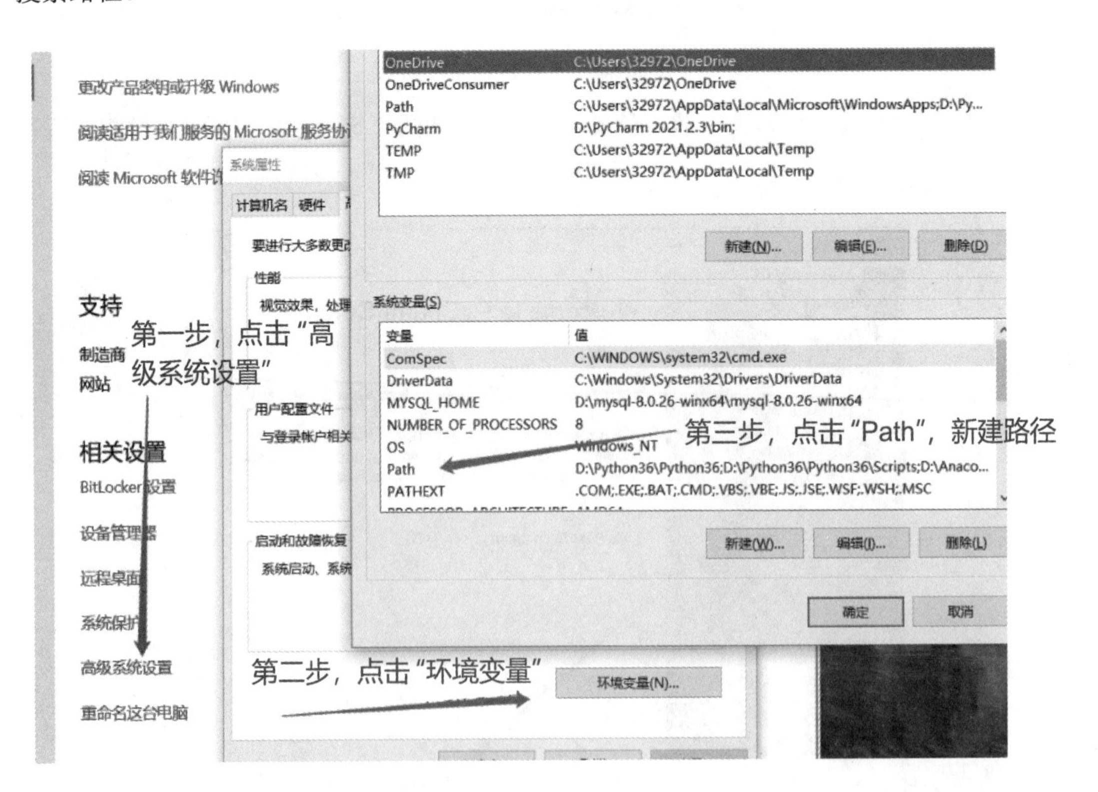

图 1-8　在“我的电脑”中为 PyCharm 设置搜索路径

(2) 查看安装路径，如图 1-9(a)所示。

(a)

(b)

图 1-9　在 Path 系统变量中添加 PyCharm 路径

(3) 拷贝路径，完成环境变量的配置，如图 1-9(b)所示。

4. 海龟绘图——绘制正方形

海龟绘图是 Python 的一个标准库模块(turtle)，它提供了一套用于绘制图形的功能和工具。通过调用海龟绘图模块中的函数和方法，可以在 Python 程序中控制海龟的移动、转向、改变颜色等操作，从而创建各种有趣的图形。

(1) 在电脑桌面双击 IDLE 图标或者在桌面左下角的“搜索”栏中输入“IDLE”。

(2) 在 IDLE 菜单项中选择“File”→“New File”，打开一个编辑窗口。

(3) 在编辑窗口中输入以下代码：

```
#shiyan1-4.py
import turtle

#创建 turtle 对象
pen = turtle.Turtle()

#绘制一个正方形
for _ in range(4):
    pen.forward(100)    #向前移动 100 单位
    pen.right(90)       #向右转 90 度

#结束绘图
turtle.done()
```

(4) 选择“File”→“Save”菜单项，把编辑窗口中的内容另存为“rectangle.py”。

(5) 选择“Run”→“Run Modules”，或者按下快捷键 F5。

(6) 观察代码的输出结果(如图 1-10 所示)，改变参数后执行类似的操作。

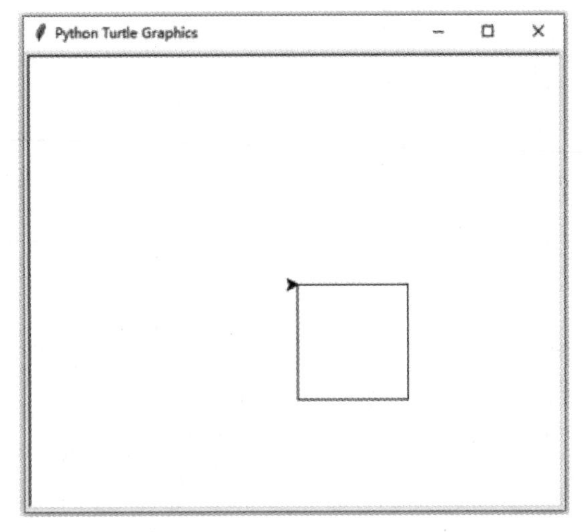

图 1-10 用海龟绘制的正方形

5. 海龟绘图——绘制偏转的三角形

采用上面的方法，在编辑窗口中输入以下代码：

```
#shiyan1-5.py
import turtle
t = turtle.Pen()
for i in range(360):
    t.forward(i)
    t.left(119)
```

其输出结果如图 1-11 所示。把上面代码中的参数“119”改成其他数字再试一试。

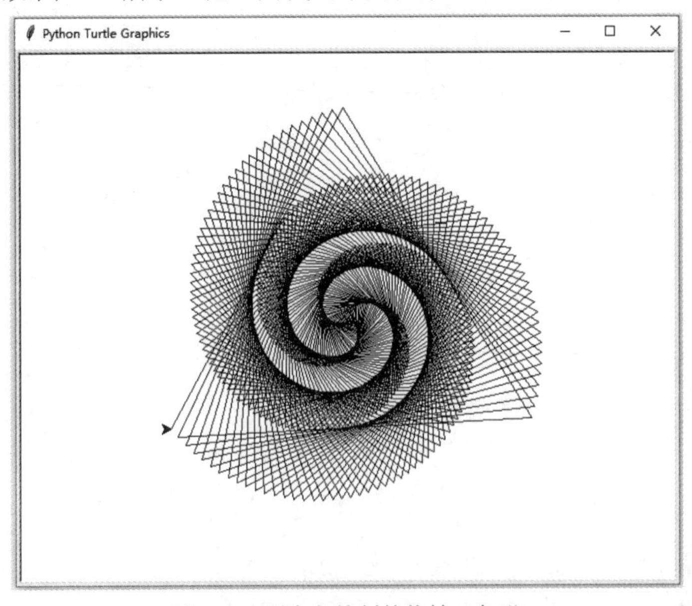

图 1-11 用海龟绘制的偏转三角形

6. 简易时钟的实现

在编辑窗口中输入以下代码即可实现简易时钟功能。

```
#shiyan1-6.py
import tkinter as tk
from tkinter import font
import time
import datetime

def update_time():
    current_time = time.strftime('%H:%M:%S')
    time_label.config(text=current_time)
    time_label.after(1000, update_time)

def update_date():
    current_date = datetime.date.today().strftime('%Y-%m-%d')
    date_label.config(text=current_date)

root = tk.Tk()
root.title("电子时间显示")
root.geometry("300x200")
root.configure(bg='white')

time_font = font.Font(family="Helvetica", size=48, weight="bold")
date_font = font.Font(family="Helvetica", size=16)

time_label = tk.Label(root, text="", font=time_font, bg='white')
time_label.pack(pady=30)

date_label = tk.Label(root, text="", font=date_font, bg='white')
date_label.pack()

update_time()
update_date()

root.mainloop()
```

代码实现结果如图 1-12 所示。

图 1-12　简易时钟的实现结果

三、实验内容

(1) 在 Python 交互环境下键入“help()”，然后输入“str”“int”，浏览其中的内容。

(2) 在 Python 交互环境下输入“a = 100”，然后输入“a”，观察其输出。

(3) 打开 IDLE，点击“File”→“New File”，新建一个文件，将其保存为“my_first.py”。文件内容如下：

```
name = "辛弃疾"
print(name + ", 你好!\n")
```

在 IDLE 中运行这个程序。注意，除了引号中间的中文，其他符号必须使用英文半角输入方式。

(4) 创建 PyCharm 项目并运行简单的代码。步骤如下：

① 打开 PyCharm，同意用户协议后继续。

② 选择不共享数据，点击“New Project”创建新项目。

③ 选择项目路径和 Python 解释器，点击“Create”创建项目。

④ 编写和运行代码。在项目中右键点击“新建 Python 文件”，输入简单的代码，例如打印“Hello World!”，使用快捷键或菜单命令运行代码。

实验 2　变量与数据类型

一、实验目的

(1) 掌握 Python 中数据的表现方式。

(2) 掌握 Python 中变量的定义、赋值和类型转换以及变量的删除。

(3) 掌握 Python 程序的书写格式以及注释语句、输入和输出语句。

(4) 掌握 Python 中数值的四种数据类型：整数(int)、浮点数(float)、复数(complex)、布尔值(bool)。

(5) 掌握 Python 的算术运算规则以及常用的数学内置函数。

(6) 掌握 Python 中 math 库的用法。

二、实验范例

(1) 编程展示数学基本运算和内置函数的基本应用。代码如下：

```
#shiyan2-1.py
a = -8
b = 3
c = 2
abs_a = abs(a)                  #计算变量 a 的绝对值并赋值给 abs_a
print(abs_)
addition = a + b                #计算变量 a 和 b 的和并赋值给 addition
print(addition)
subtraction = a - b             #计算变量 a 和 b 的差并赋值给 subtraction
print(subtraction)
multiplication = a * b          #计算变量 a 和 b 的积并赋值给 multiplication
print(multiplication)
division = a / b                #计算变量 a 和 b 的商并赋值给 division
print(division)
modulus = a % b                 #计算变量 a 和 b 的取余结果并赋值给 modulus
print(modulus)
power = c ** b                  #计算变量 c 的 b 次方并赋值给 power
print(power)
total_abs_sum = abs(addition) + abs(subtraction) + abs(multiplication) + abs(division) + abs(modulus) +
abs(power)                      #计算绝对值的和并赋值给 total_abs_sum
print(total_abs_sum)
```

(2) 编程输出表达式 ceil(float('7.45'))+8%(-3)的值。

方式一：使用 import math 方式导入 math 模块，引用 ceil()函数时需要将模块名“math”作为前缀。代码如下：

```
#shiyan2-2-1.py
import math
x=math.ceil(float('7.45'))+8%(-3)
print(x)
```

方式二：使用 from math import*方式导入 math 模块，可像内置函数一样，直接引用 ceil()函数。代码如下：

```
#shiyan2-2-2.py
from math import *
x=ceil(float('7.45'))+8%(-3)
print(x)
```

(3) 已知 x = 15，计算表达式 $\frac{x^4}{4!} + \lg x$ 的值并输出。代码如下：

```
#shiyan2-3.py
import math
x=15
y=x**4/math.factorial(4)+math.log(x,10)
print(y)
```

(4) 从键盘输入变量 n 的整数值，输出圆周率 π，并保留小数点后的 n 位数。代码如下：

```
#shiyan2-4.py
from math import *
n = int(input("请输入保留小数的位数："))
x = round(pi*10**n)/(10**n)
print("圆周率 π 常数是：",x)
```

(5) 从键盘输入存款金额和存款年限，按“金额 × (1 + 利率)^{n}”计算收益(默认利率为 5.2%)。代码如下：

```
#shiyan2-5.py
num=eval(input("请输入存款金额："))
years=eval(input("请输入存款年限："))
rate=0.052
total=num*(1+rate)**years
print("最终收益为:",total)
```

三、实验内容

(1) 在 IDLE 的 Shell 环境中输入表 1-1 中左侧的代码并运行，然后在右侧的横线上记录运行结果。

表 1-1 结果记录表

代码		运行结果
01	>>>a=5	______
02	>>> x=9	______
03	>>> print(x)	______
04	>>>0.2+0.4==0.6	______
05	>>>round(0.2+0.4,1)==0.6	______
06	>>>0XAF	______
07	>>>9**0.5	______
08	>>> -3**2	______
09	>>>-10%-3	______
10	>>>4.0+3	______
11	>>> num=1	______
12	>>> print(num)	______
13	>>> Num=3.5	______
14	>>> NUM=2+3j	______

续表

	代　码	运行结果
15	`>>> print(num,Num,NUM)`	________
16	`>>>print(type(num))`	________
17	`>>>print(type(Num))`	________
18	`>>>print(type(NUM))`	________
19	`>>>s="hello"`	________
20	`>>> print(s+5)`	________
21	`>>> a=7`	________
22	`>>> b=8`	________
23	`>>> print("a=",a,"b=",b)`	________
24	`>>> a,b=b,a`	________
25	`>>> print("a=",a,"b=",b)`	________

(2) 当 x = 7，y = 4 时，先人工计算表 1-2 中各个表达式的值，然后上机验证结果。

表 1-2　表达式的值

表 达 式	人工计算结果	IDLE 运行结果
x+y		
x−y		
x*y		
x/y		
x//y		
x%y		
x**y		
x>y		
x==y		
x and y		
x or y		
not x		

(3) 编写一个 Python 程序，分别输出下列表达式的值(其中 i 为虚数单位)。

① $6-\dfrac{5}{\sqrt{6i}}$　　　② $\sqrt{\pi^2+3}$

③ trunc(float('7.34')) + floor(−3.2)　　④ −5%3 − 5%(−3)

(4) 已知 x = 10，y = 9，编写 Python 程序，分别输出下列表达式的值。

① $1-\dfrac{x^2}{2!}+\dfrac{y^3}{3!}-\dfrac{x^4}{4!}$　　② $\dfrac{\lg(x^2+y^2)-\lg(2y)}{\ln(x+y)+\ln(2x)}$

③ $\dfrac{\sin 2x+\cos^2 y}{e^{x+y}+\sqrt{x^2+y^2}}$　　④ $e^{\frac{\pi}{3}x}+\dfrac{\ln|2x-y^2|}{x+y}$

(5) 编写一个 Python 程序，从键盘输入变量 n 的整数值，输出自然数 e，并保留小数点后的 n 位数。

(6) 编写一个 Python 程序，将摄氏温度转换为华氏温度。转换公式为 F = C × (9/5) + 32，其中 C 是摄氏温度，F 是华氏温度。

(7) 编写一个 Python 程序，从键盘输入圆半径 r 的值，然后计算圆周长 L 和面积 S，并输出半径 r、周长 L 和面积 S 的值，结果分别保留 2 位小数。

(8) 编写一个 Python 程序，实现字符与 ASCII 码的转换。例如：从键盘输入变量 x(x 为单个字符)，输出 x 对应的 ASCII 码；从键盘输入变量 y(y 为 0～255 之间的整数)，输出 y 对应的字符。

实验 3　字符串的基本处理

一、实验目的

(1) 掌握 Python 字符串格式化输出方法。
(2) 掌握 Python 字符串的基本操作和内置方法。
(3) 熟悉字符串内置函数的使用。
(4) 掌握字符串 format()函数和 f-字符串的使用。

二、实验范例

(1) 编写程序，计算子字符串出现的次数。代码如下：

```
#shiyan3-1.py
main_str = "hello world, hello universe, hello python"
sub_str = "hello"
count = main_str.count(sub_str)
print(f"子字符串'{sub_str}'出现的次数是：{count}")
```

(2) 编写程序，查找子字符串的位置。代码如下：

```
#shiyan3-2.py
main_str = "searching in strings with Python"
sub_str = "strings"
index = main_str.find(sub_str)
if index != -1:
    print(f"子字符串'{sub_str}'首次出现的位置索引是：{index}")
else:
print(f"字符串'{sub_str}'未在主字符串中找到。")
```

(3) 编写程序，实现字符串的替换。代码如下：

```
#shiyan3-3.py
```

```
original_str = "I like Java."
new_str = original_str.replace("Java", "Python")
print(f"替换前的字符串：{original_str}")
print(f"替换后的字符串：{new_str}")
```

(4) 编写程序，获取字符串“abcdefg”中的每个偶数位置的字符(注意，字符串索引从0开始)，然后利用切片操作将获取的字符串进行反转并输出。代码如下：

```
#shiyan3-4.py
s = 'abcdefg'
even_chars = s[::2]
print(even_chars)   #输出: aceg
reversed_s = even_chars[::-1]
print(reversed_s)   #输出: geca
```

(5) 编写程序，使用字符串内置函数进行字符串的创建、转换和格式化等操作。代码如下：

```
#shiyan3-5.py
#定义一个字符串
original_string = "Hello, World!"
#使用 len()函数打印字符串长度
print("字符串长度:", len(original_string))
#使用 str()函数将一个数字转换为字符串
num = 123
num_str = str(num)
print("数字转字符串:", num_str, type(num_str))
#使用 ord()和 chr()函数展示字符和它们的 ASCII 码
char = 'A'
ascii_code = ord(char)
print(f"'{char}'的 ASCII 码是:", ascii_code)
print(f"ASCII 码 {ascii_code} 对应的字符是:", chr(ascii_code))
#使用 format()方法格式化字符串
temperature = 26.5
weather_string = "今天的温度是{:.1f}摄氏度。".format(temperature)
print(weather_string)
#字符串转大写
upper_string = original_string.upper()
print("大写转换:", upper_string)
#字符串转小写
lower_string = original_string.lower()
print("小写转换:", lower_string)
#查找一个子字符串的位置
```

```
search_term = "World"
position = original_string.find(search_term)
if position != -1:
    print(f"找到'{search_term}'在位置: {position}")
else:
    print(f"未找到'{search_term}'")

#分割字符串
phrase = "One,Two,Three"
split_phrase = phrase.split(",")
print("分割后的字符串列表:", split_phrase)
#字符串反转
reversed_string = original_string[::-1]
print("反转字符串:", reversed_string)
#演示结束
print("演示结束。")
```

三、实验内容

(1) 在 IDLE 的 Shell 环境中输入表 1-3 中左侧的代码并运行，在右侧的横线上记录运行结果。

表 1-3　结果记录表

代　码		运行结果
01	>>>s1=" my python program "	______
02	>>>s2=s1.strip()	______
03	>>>print(s2)	______
04	>>>print(len(s1),len(s2))	______
05	>>>s2.upper()	______
06	>>>print(s2.find("python"),s2.find("Python"))	______
07	>>>s3=s2.replace(", ', ')	______
08	>>>print(s3)	______
09	>>>ls=s3.split(', ')	______
10	>>>print(ls)	______
11	>>>s4=ls[1]	______
12	>>>print(s4)	______
13	>>>print(s4[::-1])	______

(2) 编写程序，获取字符串“Hello World”中的第一个单词。

(3) 假设有一个日期和时间的字符串“2023-04-29　12:30:45”，编写程序分别获取日期和时间。

(4) 输入一个任意长度的正整数，编写程序将其倒序输出。

(5) 给定月份描述的英文简写如下：

```
Months="Jan.Feb.Mar.Apr.May.Jun.Jul.Aug.Sep.Oct.Nov.Dec."
```

利用字符串切片操作，输入一个月份的数字，输出月份的缩写。例如，输入 4，输出 Apr。

(6) 输入一个字符，用它构造一个底边长为 5 个字符、高为 3 个字符的等腰字符三角形。

(7) 编写程序，按照 1 美元=7 元人民币的汇率实现货币的转换。从键盘输入人民币的币值，转换为美元的币值并输出。输入形式如 100￥，将其转换为美元，以＄结尾。输出结果保留 2 位小数。

实验 4 使用选择结构进行条件判断

一、实验目的

(1) 掌握 if…elif…else 选择结构的基本语法和逻辑结构。

(2) 学习如何使用选择结构进行条件判断，以解决分支问题。

(3) 理解布尔表达式的工作原理，以及如何使用它们进行复杂的条件判断。

(4) 熟悉选择控制流程，包括条件的真假判断和相应的执行路径。

(5) 培养分析问题和设计算法的能力，特别是将问题分解为基于条件的决策步骤的能力。

二、实验范例

(1) 判断数字大小，编程展示如何根据输入的数字进行大小比较。代码如下：

```
#shiyan4-1.py
a = 10
b = 20

if a > b:
    result = "a is greater than b"
elif a < b:
    result = "a is less than b"
else:
    result = "a is equal to b"

print(result)   #输出 "a is less than b"
```

(2) 根据成绩判断等级，编程输出学生成绩的等级。代码如下：

```
#shiyan4-2.py
score = 85

if score >= 90:
```

```
    grade = "A"
elif score >= 80:
    grade = "B"
elif score >= 70:
    grade = "C"
elif score >= 60:
    grade = "D"
else:
    grade = "F"

print(grade)  #输出 "B"
```

三、实验内容

(1) 编写 Python 程序，判断用户输入的年份是否为闰年。
(2) 修改上述函数，使其能够输出用户输入的任意两个年份之间的所有闰年。
(3) 编写 Python 程序，根据用户输入的月份和日期判断星座。
(4) 假设有一个商品价格列表，编写一个程序，根据用户输入的价格范围显示对应的商品。
(5) 优化你的选择结构，使其能够处理更复杂的条件判断，如嵌套条件和多重条件。

实验 5　使用选择结构进行错误处理

一、实验目的

(1) 掌握如何使用选择结构进行错误检测和异常处理。
(2) 学习如何根据不同的错误类型提供相应的处理逻辑。
(3) 理解异常对象的属性，以及如何使用它们提供错误信息。
(4) 熟悉错误处理流程，包括捕获异常、记录日志和恢复程序状态。
(5) 培养鲁棒性编程的能力，特别是在面对不确定的输入和环境时，保持程序的稳定性。

二、实验范例

(1) 编程展示如何捕获并处理除零异常。代码如下：

```
#shiyan5-1.py
a = 10
b = 0
try:
    result = a / b
except ZeroDivisionError:
```

```
    result = "Cannot divide by zero!"

print(result)  #输出 "Cannot divide by zero!"
```

(2) 编程展示如何捕获并处理类型错误。代码如下：

```
#shiyan5-2.py
a = "10"
b = 20

try:
    result = a + b
except TypeError:
    result = "Inputs must be numbers!"

print(result)  #输出 "Inputs must be numbers!"
```

三、实验内容

(1) 编写 Python 程序，使其能够处理用户输入的任意类型的数据，并在输入不是数字时提供相应的错误信息。

(2) 修改上述程序，使其能够处理用户输入的任意类型的数据，并在类型不匹配时提供相应的错误信息。

(3) 编写 Python 程序，使其能够处理文件读写操作中可能出现的错误，并提供友好的用户提示。

(4) 假设有一个网络请求函数，编写一个程序用于处理网络异常，并在无法连接网络时重试。

(5) 优化错误处理函数，使其能够记录详细的错误日志，并在必要时通知用户或管理员。

实验 6　使用循环结构计算数字序列的总和

一、实验目的

(1) 掌握 for 循环的基本语法和逻辑结构。

(2) 学习如何使用循环结构进行累加计算，以解决求和问题。

(3) 理解 range()函数的工作原理，以及如何使用它生成连续的整数序列。

(4) 熟悉循环控制流程，包括循环的入口和出口条件。

(5) 培养分析问题和设计算法的能力，特别是将问题分解为可迭代步骤的能力。

二、实验范例

(1) 累加固定序列，编程展示对固定的序列进行累加操作。代码如下：

```
#shiyan6-1.py
upper_limit = 10
total = 0

for i in range(1, upper_limit + 1):
    total += i

print(total)  #输出 55
```

(2) 累加自定义序列，编程输出累加自定义序列的值。代码如下：

```
#shiyan6-2.py
a = 5
b = 15
total = 0

for i in range(a, b + 1):
    total += i

print(total)  #输出 110
```

(3) 累加奇数序列，编程输出累加奇数序列的值。代码如下：

```
#shiyan6-3.py
upper_limit = 20
total = 0

for i in range(1, upper_limit + 1, 2):
    total += i

print(total)  #输出 100
```

三、实验内容

(1) 编写 Python 程序，计算从 1 到用户输入的任意正整数的总和。

(2) 修改上述程序，使其能够计算任意两个正整数 a 和 b 之间的所有整数的总和，包括 a 和 b。

(3) 编写 Python 程序，计算从 1 到 100 之间所有偶数的乘积。

(4) 假设有一个数字序列，每个数字代表一个台阶，编写一个程序用于计算从底部到顶部需要走的步数。序列由用户输入，每个数字代表一个台阶的高度。

(5) 优化累加函数，使其能够处理非常大的数字序列，而不会导致计算时间过长。

实验 7 使用循环结构找出列表中的素数

一、实验目的

(1) 掌握如何使用循环结构和条件语句来解决特定问题。
(2) 理解素数的数学概念，并学会如何编写代码来识别素数。
(3) 练习使用循环来遍历列表，并根据条件筛选出符合条件的元素。
(4) 培养逻辑思考能力，学会如何将复杂问题分解为简单的迭代步骤。

二、实验范例

(1) 找出单个数字是否为素数。代码如下：

```
#shiyan7-1.py
number = 17

if number <= 1:
    is_prime = False
else:
    is_prime = True
    for i in range(2, int(number**0.5) + 1):
        if number % i == 0:
            is_prime = False
            break

print(is_prime)   #输出 True
```

(2) 找出列表中的所有素数。代码如下：

```
#shiyan7-2.py
numbers = [2, 3, 4, 5, 6, 7, 8, 9, 10, 11, 12, 13, 14, 15, 16, 17, 18, 19, 20]
primes = []

for number in numbers:
    if number > 1:
        is_prime = True
        for i in range(2, int(number**0.5) + 1):
            if number % i == 0:
                is_prime = False
                break
```

```
        if is_prime:
            primes.append(number)

print(primes)  #输出 [2, 3, 5, 7, 11, 13, 17, 19]
```

(3) 找出一定范围内的所有素数。代码如下：

```
#shiyan7-3.py
start = 50
end = 60
primes = []

for number in range(start, end + 1):
    if number > 1:
        is_prime = True
        for i in range(2, int(number**0.5) + 1):
            if number % i == 0:
                is_prime = False
                break
        if is_prime:
            primes.append(number)

print(primes)  #输出 [53, 59]
```

三、实验内容

(1) 编写一个函数，使其能够判断用户输入的单个数字是否为素数。

(2) 修改上述函数，使其能够输入一个整数列表，并返回列表中的所有素数。

(3) 编写一个程序，使其能够找出 1 到 1000 之间的所有素数，并将它们存储在一个列表中。

(4) 假设要为一个加密算法生成一个素数列表，编写一个程序，使其能够找出 100 到 200 之间的所有素数。

(5) 优化素数检测算法，使其能够更快地找出大范围内的素数。

(6) 素数在数列中分布的密度逐渐减小。编写一个程序，使其能够计算并输出 1 到 10 000 之间素数的数量，然后尝试估计 1 到 100 000 之间素数的数量。

实验 8 列表与元组

一、实验目的

(1) 掌握列表的创建方式。

(2) 掌握列表元素的访问方法。

(3) 掌握列表的基本操作。

(4) 掌握数值列表的简单统计方法。

(5) 掌握字符串与列表的区别以及两者互相转换的方法。

二、实验范例

1. Python 中的列表

Python 中的列表是编程中常用的数据结构，它能够存储一系列的元素。以下是一些常见的列表操作，包括创建列表、添加元素、删除元素、排序、切片、遍历列表等。

(1) 创建列表，代码如下：

```
my_list = [1, 2, 3, 4, 5]
```

(2) 添加元素。

① 使用 append()在列表末尾添加一个元素，代码如下：

```
my_list.append(6)
```

② 使用 insert()在指定位置插入一个元素，代码如下：

```
my_list.insert(1, 'a')
```

(3) 删除元素。

① 使用 remove()删除列表中的一个特定值，代码如下：

```
my_list.remove(3)
```

② 使用 pop()删除指定位置的元素并返回相应值，代码如下：

```
last_item = my_list.pop()
```

③ 使用 del 删除指定位置的元素或切片，代码如下：

```
del my_list[1]
```

(4) 排序。

① 使用 sort()对列表进行原地排序，代码如下：

```
my_list.sort()
```

② 使用 sorted()返回一个新的排序列表，而不改变原列表，代码如下：

```
sorted_list = sorted(my_list)
```

(5) 切片。获取列表的一部分，代码如下：

```
sub_list = my_list[1:4]
```

(6) 遍历列表。使用 for 循环遍历列表中的每个元素，代码如下：

```
for item in my_list:
    print(item)
```

(7) 创建新列表。使用简洁的语法创建新列表，代码如下：

```
squares = [x**2 for x in range(10)]
```

(8) 获取列表的长度。使用 len()获取列表的长度，代码如下：

```
length = len(my_list)
```

(9) 列表元素计数。使用 count()计算某个元素在列表中出现的次数，代码如下：

```
count = my_list.count(2)
```

(10) 反转列表。使用 reverse()对列表进行原地反转，代码如下：

```
my_list.reverse()
```

(11) 合并列表。使用+运算符或 extend()方法合并两个列表，代码如下：

```
another_list = [6, 7, 8]
my_list += another_list        #或者 my_list.extend(another_list)
```

(12) 查找列表元素。使用 index()查找某个元素在列表中的索引值，代码如下：

```
index = my_list.index(3)
```

(13) 清空列表中的元素。使用 clear()清空列表中的所有元素，代码如下：

```
my_list.clear()
```

(14) 交换列表元素。使用 index()和赋值操作交换两个元素的位置，代码如下：

```
my_list[0], my_list[1] = my_list[1], my_list[0]
```

(15) 求列表中的最小值、最大值与和值。使用 min()、max()与 sum()函数求列表中的最小值、最大值与和值，代码如下：

```
min_value = min(my_list)
max_value = max(my_list)
sum_value = sum(my_list)
```

2. Python 中的元组

Python 中的元组(tuple)是一种不可变的数据结构，它可以存储一系列元素。尽管元组不可变，但是 Python 提供了多种操作元组的方法。以下是一些常见的元组操作。

(1) 创建元组，代码如下：

```
my_tuple = (1, 2, 3)
```

(2) 访问元组元素。输出第一个元素，代码如下：

```
print(my_tuple[0])          #结果是 1
```

(3) 元组切片。输出索引 1 到 2 的元素，代码如下：

```
print(my_tuple[1:3])        #结果是(2, 3)
```

(4) 获取元组长度。输出元组的长度，代码如下：

```
print(len(my_tuple))        #结果是 3
```

(5) 遍历元组。使用 for 循环遍历元组中的每个元素，代码如下：

```
for item in my_tuple:
    print(item)
```

(6) 拼接元组。使用 + 操作符拼接几个元组，代码如下：

```
new_tuple = my_tuple + (4, 5)
```

(7) 重复元组。使用 * 操作符重复元组，代码如下：

```
repeated_tuple = (1, 2) * 3   #结果是(1, 2, 1, 2, 1, 2)
```

(8) 元组拆包。将元组中的各元素分别赋给相应变量，代码如下：

```
a, b, c = my_tuple
```

(9) 转换可迭代对象为元组。使用 tuple()将可迭代对象转换为元组，代码如下：

```
list_to_tuple = tuple([1, 2, 3])
```

(10) 检查元组。检查元素是否在元组中，代码如下：

```
print(2 in my_tuple)                #结果是 True
```

(11) 计算元组中元素的个数。使用 count()方法计算元组中元素的个数，代码如下：

```
print(my_tuple.count(2))            #如果 2 在元组中，返回它的个数
```

(12) 查找元组的索引。使用 index()方法返回元素在元组中的索引，代码如下：

```
print(my_tuple.index(3))            #返回 3 在元组中的索引，结果是 2
```

(13) 移除元组中的元素。元组不可变，但可以创建一个新元组。移除元组中的最后一个元素，代码如下：

```
new_tuple = my_tuple[:-1]
```

(14) 元组推导式。在 tuple()的括号内添加表达式，以生成符合要求的元组元素，并赋给相应变量，代码如下：

```
square_tuple = tuple(x**2 for x in range(1, 6))
```

(15) 元组排序。使用 sorted()函数对元组中的元素进行排序，代码如下：

```
sorted_tuple = tuple(sorted(my_tuple))
```

(16) 合并元组。使用 zip()函数将两个元组合并，代码如下：

```
tuple1 = (1, 2, 3)
tuple2 = (4, 5, 6)
zipped_tuple = zip(tuple1, tuple2)        #结果是<zip object>
list_of_pairs = list(zipped_tuple)        #转换为列表形式，结果是[(1, 4), (2, 5), (3, 6)]
```

3. 列表与元组的综合操作

(1) 计算列表元素的和与平均值。创建一个列表，包含 5 个整数，然后计算这些整数的总和以及平均值。代码如下：

```
#shiyan8-1.py
#创建一个包含 5 个整数的列表
numbers = [10, 20, 30, 40, 50]
#计算总和
total_sum = sum(numbers)
#计算平均值
average = total_sum / len(numbers)
#打印结果
print(f"总和: {total_sum}")
print(f"平均值: {average}")
```

(2) 列表排序与反转。创建一个包含 10 个随机整数的列表，然后对其进行排序，并反转排序后的列表。代码如下：

```
#shiyan8-2.py
import random
#创建一个包含 10 个随机整数的列表
random_numbers = [random.randint(1, 100) for _ in range(10)]
#打印原始列表
```

```
print("原始列表:", random_numbers)
#对列表进行排序
sorted_numbers = sorted(random_numbers)
#反转排序后的列表
reversed_sorted_numbers = sorted_numbers[::-1]
#打印结果
print("排序后的列表:", sorted_numbers)
print("排序后反转的列表:", reversed_sorted_numbers)
```

(3) 将元组转换为列表并修改。创建一个包含 5 个元素的元组，将其转换为列表，然后在列表中找到第一个大于 10 的元素，并将其乘 2。代码如下：

```
#shiyan8-3.py
#创建一个包含 5 个元素的元组
elements = (1, 5, 15, 8, 12)
#将元组转换为列表
elements_list = list(elements)
#查找第一个大于 10 的元素并乘 2
for i, element in enumerate(elements_list):
    if element > 10:
        elements_list[i] *= 2
        break
#打印结果
print("修改后的列表:", elements_list)
```

(4) 删除列表中的特定元素。创建一个包含字符串的列表，并删除列表中所有长度为 3 的字符串。代码如下：

```
#shiyan8-4.py
#创建一个包含字符串的列表
words = ["cat", "dog", "fish", "bird", "lion", "tiger", "wolf"]
#删除所有长度为 3 的字符串
words = [word for word in words if len(word) != 3]
#打印结果
print("修改后的列表:", words)
```

(5) 找出列表中的最大值和最小值。创建一个包含 10 个不同整数的列表，找出并打印出列表中的最大值和最小值。代码如下：

```
#shiyan8-5.py
#创建一个包含 10 个不同整数的列表
numbers = [34, 56, 78, 12, 90, 45, 67, 23, 89, 5]
#使用内置函数找出最大值和最小值
max_value = max(numbers)
min_value = min(numbers)
#打印结果
```

```
print(f"最大值: {max_value}")
print(f"最小值: {min_value}")
```

(6) 嵌套列表与元组。创建一个嵌套列表，其中包含 3 个元组，每个元组有 2 个元素，然后将嵌套列表转换为嵌套元组。代码如下：

```
#shiyan8-6.py
#创建一个嵌套列表
nested_list = [(1, 'a'), (2, 'b'), (3, 'c')]
#将嵌套列表转换为嵌套元组
nested_tuple = tuple(tuple(item) for item in nested_list)
#打印结果
print("嵌套元组:", nested_tuple)
```

(7) 删除列表中的所有负数。创建一个包含正数和负数的列表，删除列表中的所有负数。代码如下：

```
#shiyan8-7.py
#创建一个包含正数和负数的列表
numbers = [10, -3, 7, -5, 2, -1, 4]
#删除所有负数
numbers = [num for num in numbers if num >= 0]
#打印结果
print("删除负数后的列表:", numbers)
```

三、实验内容

(1) 创建一个整数列表 lst = [1, 2, 3, 4, 5, 6, 7, 8, 9]，将其中的奇数和偶数分别存储在两个列表中。

(2) 创建一个列表 lst = [1, 2, 3]和一个元组 tup = (4, 5, 6)，将它们合并为一个列表，然后反转这个列表。

(3) 创建一个整数列表 nums = [1, 2, 3, 4, 5]，创建一个新的列表，其中包含原列表中每个元素的二次方值。

(4) 创建一个列表 lst = [1, 2, 3, 4, 5, 6, 7, 8, 9]和一个整数 num = 5，从列表中移除所有等于 num 的元素。

(5) 创建一个字符串列表 words = ['apple', 'banana', 'cherry', 'date']，找出单词 cherry 在列表中的索引。

(6) 创建一个列表 lst = [1, 2, 3, 4, 5]，使用 Python 内置的随机库对列表进行随机排序。

(7) 创建一个整数列表 lst = [10, 22, 5, 75, 66, 80, 5]，找出列表中第二大的元素。

(8) 创建一个整数列表 nums = [−1, 2, −3, 4, −5]，打印出列表中每个元素的绝对值。

(9) 创建一个整数列表 nums = [1, 2, 3, 4, 5]，计算从第一个元素开始的每个元素与其前面所有元素的累加值。

(10) 创建一个整数列表 nums = [1, 2, 3, 4]和一个幂次 power = 2，打印出列表中每个元素的 power 次幂。

(11) 创建一个列表 lst = [3, 1, 4, 1, 5, 9, 2, 6, 5, 3, 5]，先对列表进行排序，然后移除所有重复的元素。

(12) 创建一个整数列表 nums = [1, 2, 3, 4]，计算并打印出列表中每个元素的阶乘。

(13) 创建一个整数列表 nums = [1, 3, 3, 6, 7, 8, 9]，计算并打印出列表的均值和中位数。

(14) 创建一个列表 lst = [1, 2, 3, 4, 5]，随机删除列表中的一个元素。

(15) 创建一个整数列表 nums = [1, 2, 3, 4]，计算并打印出从第一个元素开始的每个元素与其前面所有元素的累积乘积。

(16) 创建一个整数列表 nums = [1, 2, 3, 4, 5, 6]，将列表转换为 2 × 3 的二维列表。

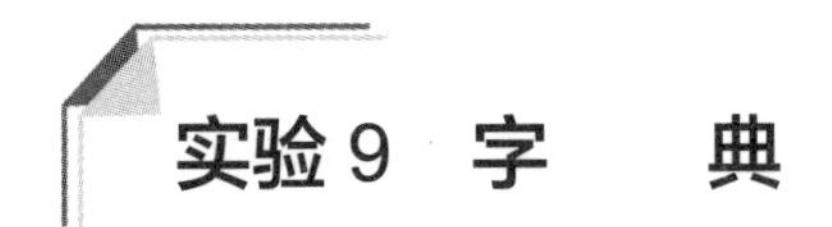

实验 9 字　　典

一、实验目的

(1) 掌握字典的创建方式。

(2) 掌握字典元素的访问方法。

(3) 掌握字典的基本操作。

二、实验范例

(1) 编写程序，对用户输入的英文字符串中各字母出现的次数进行统计(不区分大写字母和小写字母)，统计结果使用字典存放。代码如下：

```
#shiyan9-1.py
s=input("请输入字符串:")
myDict={}
for c in s:
    ch=c.lower()
    if ch.isalpha():
        myDict [ch]= myDict.get(ch,0)+1
print(myDict)
```

(2) 假设有一组学生及其成绩，编写程序将学生姓名按照成绩分组。代码如下：

```
#shiyan9-2.py
grades = {"张三": 85, "李四":90, "王五": 75, "赵六":85}
grouped_grades = {}
for name, grade in grades.items():
    if grade not in grouped_grades:
        grouped_grades[grade] = [name]
    else:
        grouped_grades[grade].append(name)
print(grouped_grades)
```

(3) 某超市整理库存，假设字典 dic_repertory=["油":50,"醋":60,"盐":100,"糖":120,"鸡精":20,"麻油":40, "酱油":80}存储了超市最初的商品数量，字典 dic_change={"油":100,"醋":20,"盐":30,"糖":10,"鸡精":50,"麻油":60, "酱油":70}存储了经过销售和进货等流程后发生变化的商品及其现有数量。编写程序，实现以下功能：

① 对字典 dic_repertory 的内容进行更新。

② 对更新后的字典 dic_repertory 按照商品数量进行降序排列。

③ 输出更新后的字典 dic_repertory、当前库存数量最多的商品和最少的商品信息。

代码如下：

```
#shiyan9-3.py
dic_repertory={"油":50,"醋":60,"盐":100,"糖":120,"鸡精":20,"麻油":40,"酱油":80}
dic_change={"油":100,"醋":20,"盐":30,"糖":10,"鸡精":50,"麻油":60, "酱油":70}
dic_repertory.update(dic_change)
dic_result=sorted(zip(dic_repertory.values(),dic_repertory.keys()),reverse=True)
print(dic_result)
print("库存最多的商品是：{}".format(dic_result[0][1]))
print("库存最少的商品是：{}".format(dic_result[-1][1]))
```

三、实验内容

(1) 创建一个字典，包含多个键值对，然后编写一个程序，让用户可以动态输入键，并根据用户输入的键输出对应的值。

(2) 创建一个字典，包含多个城市及其对应的人口数量，然后编写一个程序，允许用户输入城市名和新的人口数量，并更新字典中相应城市的人口数量。

(3) 创建一个字典，包含多个学生及其对应的考试成绩，然后编写一个程序，允许用户输入学生姓名，并删除字典中相应的键值对。

(4) 创建一个包含多个嵌套字典的字典，然后尝试使用 copy()方法和 deepcopy()方法进行浅拷贝和深拷贝，观察其对原始字典和嵌套字典的影响。

(5) 创建一个字典，包含多个城市及其对应的人口数量，然后编写一个程序，将字典中的键值对进行逆转，即创建一个以人口数量为键、以城市名为值的新字典。

(6) 创建一个字典，包含多个产品及其对应的价格，然后编写一个程序，允许用户输入一个折扣率，并将所有产品的价格按照折扣率进行调整。

实验 10　集　　合

一、实验目的

(1) 掌握集合的创建方法。

(2) 掌握集合的基本运算。

二、实验范例

(1) 编写程序，创建两个整数集合，并求这两个集合的并集、交集和差集。代码如下：

```
#shiyan10-1.py
#创建两个集合
set1 = {1, 2, 3, 4, 5}
set2 = {4, 5, 6, 7, 8}
#求两个集合的并集
union_set = set1.union(set2)
print("并集:", union_set)
#求两个集合的交集
intersection_set = set1.intersection(set2)
print("交集:", intersection_set)
#求两个集合的差集
difference_set = set1.difference(set2)
print("差集:", difference_set)
```

(2) 创建一个空集合，对集合进行增、删、改、查操作。代码如下：

```
#shiyan10-2.py
my_set = set()
#向集合中添加元素
my_set.add(1)
my_set.add(2)
my_set.add(3)
#删除集合中的元素
my_set.remove(2)
#检查集合中是否存在某个元素
if 1 in my_set:
    print("1 存在于集合中")
#遍历集合
for item in my_set:
    print(item)
```

(3) 创建一个列表和一个集合，将列表转换成集合，再求两个集合的并集和交集。代码如下：

```
#shiyan10-3.py
my_list = [1, 2, 3, 4, 5]
my_set = {4, 5, 6, 7, 8}
#将列表转换为集合
list_to_set = set(my_list)
print("列表转集合:", list_to_set)
```

```
#求两个集合的并集
union_set = my_set.union(list_to_set)
print("并集:", union_set)
#将集合转换为列表
set_to_list = list(my_set)
print("集合转列表:", set_to_list)
#求两个集合的交集
intersection_set = my_set.intersection(list_to_set)
print("交集:", intersection_set)
```

三、实验内容

(1) 编写一个函数，对两个集合分别进行验证：第一个集合是否为第二个集合的子集，第二个集合是否为第一个集合的超集。如果是子集或超集，则返回 True，否则返回 False。

(2) 创建两个集合，一个为原始集合，另一个集合通过浅拷贝或深拷贝原始集合得到。修改原始集合，观察对比两个集合的变化。进一步分析浅拷贝和深拷贝的区别，以及在集合操作中的适用场景。

(3) 编写一个程序，创建一个冻结集合，然后尝试向冻结集合中添加或删除元素。观察程序的运行结果并分析原因，探讨冻结集合与普通集合在使用场景上的区别。

(4) 编写两个函数，分别使用集合和列表实现成员的检查操作。使用相同的数据集进行测试，并记录两种方法的执行时间。分析测试结果，比较集合和列表在成员检查操作上的性能差异。

(5) 创建一个哈希函数来模拟集合的哈希算法，并使用一组测试数据进行哈希计算。观察当多个元素散列到同一个槽位时，集合是如何处理哈希碰撞的。进一步探究优化哈希算法的方法，以减少碰撞的发生。

实验 11 函　数

一、实验目的

(1) 掌握 Python 的函数概念与定义。
(2) 掌握 Python 的函数编写与实参传递以及显示输出的函数和返回值的函数。
(3) 掌握 Python 如何接受任意数量的实参。
(4) 掌握 Python 如何将函数同列表、字典、if 语句和 while 循环结合起来使用。
(5) 掌握 Python 如何将函数存储在被称为模块的独立文件中，以增强程序的可读性。

二、实验范例

(1) 一个数如果恰好等于它的因子之和，这个数就称为“完数”。例如 6 = 1 + 2 + 3。编程找出 1000 以内的所有完数。代码如下：

```
#perfect_num.py
#定义函数:find_factors(s)找出数 s 的所有因子并放到一个列表中，然后将列表返回
#           is_perfect_num(s)判断一个数是不是完数
#           def print_pcrfect_num()打印 1000 以内的所有完数

def find_factor(s):
    facts = []                          #________________
    for i in range(1,1001,1):           #________________
        if i<s and s%i==0:              #________________
            facts.append(i)             #________________
    return facts

def is_perfect_num(s, f):
    for i in f:                         #________________
        s = s - I                       #________________
    if s == 0:                          #________________
        return True
    else:                               #________________
        return False

def print_perfect_num():
    for i in range(1,1001):             #________________
        fcts = is_factor(i)             #________________
        if is_perfect_num(i, fcts):
            print(i)

print_perfect_num()
```

仔细阅读上面的代码并添加注释，然后运行代码。

(2) 构造一个列表，表中的数字个数不确定，编程求出它们的和并打印在屏幕上。代码如下：

```
#variable_para.py
def get_sum(*numbers):
    sum = 0
    for n in numbers:
        sum += n
    return sum

a = [1, 2, 4, 32, 16, 8, 64]
print(get_sum(*a))
```

(3) 利用辗转相除法计算两个自然数的最大公约数。

① 将 m 和 n 辗转相除直到余数为 0。例如，m = 72，n = 56，m 除以 n 的余数用 r 表示，计算过程如图 1-13 所示。

除数 m	被除数 n	余数 r
72	56	16
56	16	8
16	8	0

图 1-13 辗转求余计算最大公约数

② 计算最大公约数的算法如图 1-14 所示。

```
step1: r = m % n ;
step2: 当 r != 0 时，重复执行下述操作：
       step2.1: m = n ;
       step2.2: n = r ;
       step2.3: r = m % n ;
step3: 输出 n ;
```

图 1-14 计算最大公约数的算法

③ 程序实现源代码如图 1-15 所示。

com_factro.py - D:\Python37\Python3_proj\jc_lab5\com_factro.py (3.6.0)

File Edit Format Run Options Window Help

```
#求两个自然数的最大公约数
def comFactor(m,n):
    r=m%n               #求余
    while r!=0:
        m=n
        n=r
        r=m%n
    return n
#测试函数
m=int(input("输入一个自然数m:"))
n=int(input("输入一个自然数n:"))
r=comFactor(m,n)     #调用函数求两个自然数的最大公约数
print(m,n,'的最大公约数是',r)
```

Ln: 7 Col: 0

图 1-15 程序实现源代码

④ 程序执行结果如图 1-16 所示。

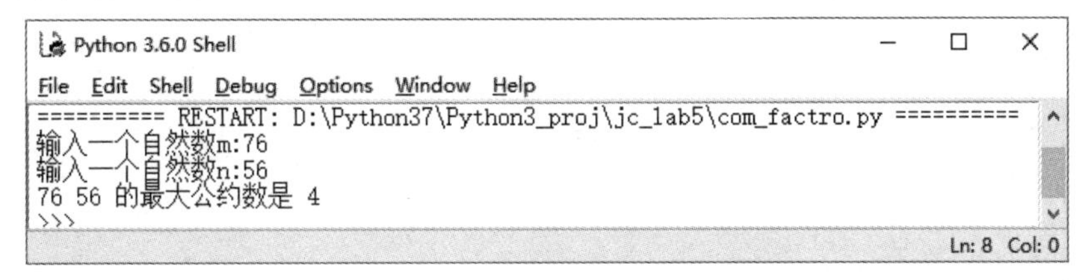

图 1-16 程序运行窗口

(4) 素性检测程序编写。

① 编写一个函数，判断一个自然数是否为素数，其算法如图 1-17 所示。

② 编写一个函数，输出 1～100 之间的所有素数，其算法如图 1-18 所示。

```
step1: k = (int)sqrt(x)
step2: 当 i<=k 时，重复执行下述操作：
    step2.1: 如果 x%i==0:flag=0;break
    step2.2: i+=1
step3: 当 i>k flag=1;
step 4: return flag
```

图 1-17 判断一个数是否为素数的算法

```
step1: 当 1<i<=100 时，重复执行下述操作：
    step1.1: 如果 isPrime(i)==1:
    输出素数 I;count++
    step1.2: 如果 count%5==0:换行
    step1.3: i+=1
```

图 1-18 求指定范围内的所有素数的算法

在 IDLE 的代码编辑器中输入代码，程序源代码如图 1-19 所示。

```
*ch05_2.py - D:\Python37\Python3_proj\jc_lab5\ch05_2.py (3.6.0)*
File Edit Format Run Options Window Help
import math
def isPrime(n): #定义判断素数的函数
    k=(int)(math.sqrt(n))         #求n平方根
    for i in range(2,k+1):
        if  n%i==0:       #如果i是n的因子，n不是素数
            return 0      #0: n不是素数
    return 1                      #1: n是素数
def print_out():          #输出100以内的所有素数
    count=0
    for i in range(2,100):        #求2~100以内的素数
        if isPrime(i):            #判断i是否是素数
            print(i,end=' ')      #输出素数
            count+=1              #素数的个数增1
            if count % 5 == 0:    #count是5的倍数
                print()           #换行
#测试
print_out()
Ln: 16 Col: 3
```

图 1-19 范例四程序源代码

程序的执行结果如图 1-20 所示。

```
Python 3.6.0 Shell
File Edit Shell Debug Options Window Help
============ RESTART: D:\Python37\Python3_proj\jc_lab5\ch05_2.py ============
2 3 5 7 11
13 17 19 23 29
31 37 41 43 47
53 59 61 67 71
73 79 83 89 97
>>> 
Ln: 21 Col: 4
```

图 1-20 程序的执行结果

三、实验内容

(1) 编写一个名为 display_message()的函数，用它打印一个句子，指出你在本章学的是什么。调用该函数，确认显示的消息正确无误。

(2) 编写一个名为 favorite_book()的函数，其中包含一个名为 title 的形参。利用该函数打印一条如下的消息。

```
One of my favorite books is Alice in Wonderland.
```

调用该函数，将一本图书的名称作为实参传递给它。

(3) 编写一个名为 make_shirt()的函数，它接收一个尺码以及要印到 T 恤上的字样。该函数应打印一个句子，概要地说明 T 恤的尺码和字样。使用位置实参调用这个函数来制作一件 T 恤；再使用关键字实参来调用这个函数。

(4) 修改函数 make_shirt()，使其在默认情况下制作一件印有字样“I love Python”的大号 T 恤。调用该函数来制作如下 T 恤：一件印有默认字样的大号 T 恤、一件印有默认字样的中号 T 恤和一件印有其他字样的 T 恤(尺码无要求)。

(5) 编写一个名为 describe_city()的函数，它接收一座城市的名字以及该城市所属的国家。利用该函数打印一个简单的句子，如“Wuhan is in China”，给用于存储国家的形参指定默认值；为三座不同的城市调用这个函数，且其中至少有一座城市不属于默认国家。

(6) 编写一个名为 city_country()的函数，用于接收城市的名称及其所属的国家。这个函数应返回一个格式类似于“伦敦, 英国”的字符串。至少使用三个城市-国家对调用这个函数，并打印它返回的值。

(7) 编写一个名为 make_album()的函数，用于创建一个描述音乐专辑的字典。这个函数应接收歌手的名字和专辑名，并返回一个包含这两项信息的字典。使用该函数创建三个表示不同专辑的字典，并打印每个返回值，以核实字典正确地存储了专辑的信息。为函数 make_album()添加一个可选形参，以存储专辑中的歌曲数。如果调用该函数时指定了歌曲数，就将这个值添加到表示专辑的字典中。调用这个函数，至少一次在调用中指定专辑包含的歌曲数。

(8) 在练习(7)的程序中，编写一个 while 循环，让用户输入一个专辑的歌手和名称。获取这些信息后，利用它们来调用函数 make_album()，并将创建的字典打印出来。在这个 while 循环中，务必要提供退出途径。

(9) 创建一个包含魔术师名字的列表，并将其传递给一个名为 show_magicians()的函数，通过这个函数打印列表中每个魔术师的名字。

(10) 在练习(9)的程序中，编写一个名为 make_great()的函数，对魔术师列表进行修改，在每个魔术师的名字中都加入“伟大的”字样。调用函数 show_magicians()，确认魔术师列表已改变。

(11) 修改练习(10)的程序，在调用函数 make_great()时，向它传递魔术师列表的副本。若不修改原始列表，则返回修改后的列表，并将其存储到另一个列表中。分别使用这两个列表来调用 show_magicians()，确认一个列表中包含的是原来的魔术师名字，而另一个列表中包含的是添加了“伟大的”字样的魔术师名字。

(12) 编写一个函数，用于接收顾客在三明治中添加的一系列食材。该函数只有一个形参(收集函数调用中提供的所有食材)，打印一条消息，对顾客点的三明治进行概述。调用这个函数 3 次，每次都提供不同数量的实参。

(13) 复制教程中的程序 user_profile.py，在其中调用 build_profile()来创建有关你的简介；调用该函数时，指定你的名和姓，以及 3 个描述你的键-值对。

(14) 编写一个函数，将一辆汽车的信息存储在一个字典中。这个函数总是接收制造商和型号，还接收任意数量的关键字实参。调用该函数：提供必不可少的信息，以及两个名称-值对，如颜色-选装配件。这个函数必须能够像下面这样进行调用：

```
car = make_car('大众', '宝马 v7', color='蓝色', tow_package=True)
```

打印返回的字典，确认正确地处理了所有的信息。

(15) 斐波那契数是指当 n = 1 或 n = 2 时，fib(n) = 1；否则 fib(n) = fib(n − 1) + fib(n − 2)。编写一个递归函数，求出 n 阶的斐波那契数 fib(n)。

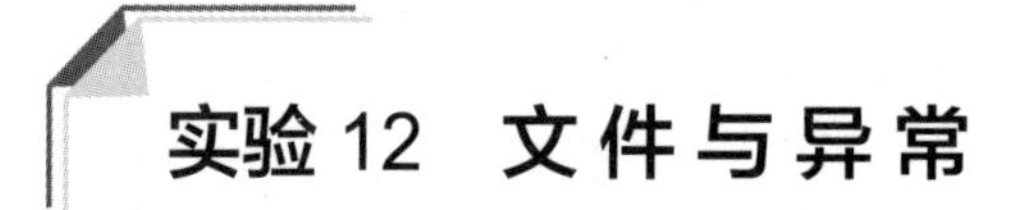

实验 12 文件与异常

一、实验目的

(1) 了解文本文件和二进制文件的概念和处理方法。
(2) 掌握文件的打开和关闭操作。
(3) 掌握文件的读取、写入和追加操作。
(4) 掌握 CSV 文件的读/写方法。
(5) 掌握基本的异常处理结构。

二、实验范例

(1) 编写程序向 D 盘文件夹 py 的文本文件 data1.txt 中写入内容。代码如下：

```
#shiyan12-1.py
with open('D:\\py\\data1.txt','w') as f:
 f.write('唐僧\n')                          #写入字符串
 f.write('孙悟空\n')                        #写入字符串
 f.writelines(['猪八戒\n','沙僧\n'])         #写入字符串
```

(2) 读取文本文件 data1.txt 中的内容。代码如下：

```
#shiyan12-2.py
with open('D:\\py\\data1.txt','r') as f:
    for s in f.readlines():
        print(s,end='')
```

(3) 新建一个文本文件 example01.txt，文件内容如下：

```
Two roads diverged in a yellow wood,
And sorry I could not travel both
```

```
And be one traveler, long I stood
And looked down one as far as I could
To where it bent in the undergrowth
```

编程统计该文本文件中字符数。代码如下：

```
#shiyan12-3.py
def count_chars_in_file(file_path):
    try:
        #尝试以只读模式打开文件
        with open(file_path, 'r', encoding='utf-8') as file:
            content = file.read()  #读取文件全部内容
            return len(content)    #计算并返回字符数量
    except FileNotFoundError:
        print(f"文件'{file_path}'未找到。")
    except Exception as e:
        print(f"读取文件时发生错误: {e}")

#使用示例
file_path = 'example01.txt'
char_count = count_chars_in_file(file_path)
if char_count is not None:
    print(f"文件'{file_path}'中的字符数量为：{char_count}")
```

(4) 假设有一个名为 input.txt 的文件，其中包含一些整数，每个整数可能占一行，也可能多个整数在一行内，由空格或其他分隔符(如逗号)分隔。编写程序读取这些整数，排序后再将它们保存到名为 sorted_numbers.txt 的文件中。代码如下：

```
#shiyan12-4.py
def read_integers_from_file(input_file_path):
    integers = []
    try:
        with open(input_file_path, 'r', encoding='utf-8') as file:
            for line in file:
                #分割每一行的内容成多个元素，使用非数字字符作为分割符
                parts = line.split()
                for part in parts:
                    #尝试将每个分割的字符串转化为整数
                    try:
                        number = int(part)
                        integers.append(number)
                    except ValueError:
                        #如果转换失败，则忽略该字符串
```

```
                continue
    except FileNotFoundError:
        print(f"The file {input_file_path} does not exist.")
    return integers

def write_integers_to_file(output_file_path, integers):
    with open(output_file_path, 'w', encoding='utf-8') as file:
        for integer in integers:
            #将每个整数写入文件，每个整数占一行
            file.write(f"{integer}\n")


def main():
    #输入和输出文件的路径
    input_file_path = 'input.txt'
    output_file_path = 'sorted_numbers.txt'
    #从输入文件读取整数
    integers = read_integers_from_file(input_file_path)
    #对整数列表进行排序
    integers.sort()
    #将排序后的整数写入到输出文件中
    write_integers_to_file(output_file_path, integers)
    print("Sorting and writing complete!")
if __name__ == '__main__':
    main()
```

三、实验内容

(1) 新建一个文本文件 a.txt，其内容如下：

```
门对鹤溪流水，云连雁宕仙家。
谁解幽人幽意，惯看山鸟山花。
```

编写一个程序，输出该文件内容，要求使用一次性读入整个文件内容和逐行读取文件内容两种方式。

(2) 新建 file1.txt 文件，内容如下：

```
You may write me down in history
With your bitter, twisted lies,
You may tread me in the very dirt
But still, like dust, I'll rise.
Does my sassiness upset you?
Why are you beset with gloom?
Cause I walk like I've got oil wells
```

```
Pumping in my living room.
Just like moons and like suns,
With the certainty of tides,
Just like hopes springing high,
Still I'll rise.
```

编写一个程序，统计文件中包含的字符数和行数。

(3) 将 file1.txt 文件中的每行按逆序方式输出到 file2.txt 文件中。

(4) 编写一个程序，读取文本文件 b.txt，其内容为“Hello, Python!”，要求编写程序将其中的“Python”字符串替换成“World”字符串，然后将修改后的内容写入一个新文件中。

(5) 编写一个程序，从给定的文本文件中删除所有空行，并将结果保存到原文件中。

(6) 假设有一个日志文件 log.txt，其内容如下：

```
Upon launching the newly developed software,
the screen was immediately flooded with a cascade of error messages:
 "ERROR: Failed to connect to the database,"
"ERROR: Unable to load user profiles," and "ERROR:
Missing configuration files." Each ERROR seemed to
 highlight a different flaw in the system,
painting a stark picture of oversight and miscalculations.
```

编写一个程序，提取其中包含 ERROR 关键字的所有行，并将这些行写入到 errors.txt 文件中。

(7) 新建一文本文件 score.csv，用于记录学生的学号、成绩两项信息，内容如下：

```
学号，成绩
1015340101,72
1015340102,85
1015340103,70
1015340104,90
1015340105,82
1015340106,95
```

编程输出按成绩降序排列的学生信息。

(8) score1.txt 文件中存放着某班学生的计算机课成绩，包含学号、平时成绩、期末成绩三列，请根据平时成绩占 40%、期末成绩占 60%的比例计算总评成绩，并将其按学号、总评成绩两列的形式写入另一个文件 scored.txt 中。同时在屏幕上输出学生人数，按总评成绩计算 90 分以上、80～89 分、70～79 分、60～69 分、60 分以下各成绩区间的人数和班级总平均分(取小数点后两位)。

(9) 编写一个程序，实现基本的计算器功能(加、减、乘、除)，要求对除数为 0 的情况进行异常处理，并给出提示信息。

(10) 将当前编写的 Python 源文件中的所有小写字母转换为大写字母，大写字母转换为小写字母，然后保存至文件 temp.txt 中。

(11) 假设一家公司需开发员工薪资管理系统。该系统需读取一个名为 salaries.txt 的文本文件，该文件中记录了公司所有员工的姓名和对应的月薪，格式如下(姓名和月薪之间用逗号分隔)：

```
John Doe,5000
Jane Smith,6000
Bob Johnson,4000
Alice Williams,6500
```

编写一个 Python 程序，读取 salaries.txt 文件中的内容，计算并打印出所有员工的平均月薪。如果文件不存在，打印错误提示消息“Error: 'salaries.txt' not found.”。

完成上述要求的代码编写，并对程序进行适当的异常处理。

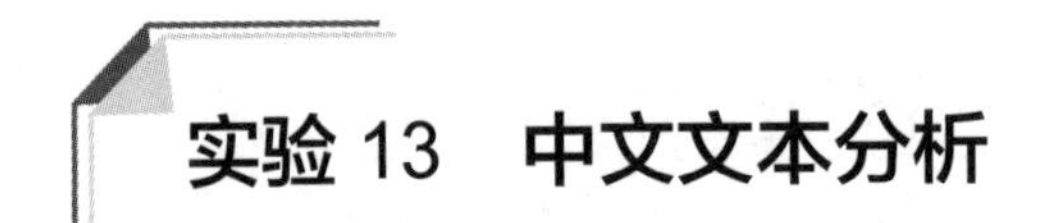

实验 13　中文文本分析

一、实验目的

(1) 掌握 jieba 库的使用。

(2) 掌握使用 WordCloud 库绘制词云图的方法。

(3) 掌握使用 networkx 库绘制关系图的方法。

二、实验范例

(1) 分别使用精确模式、全模式和搜索引擎模式分析如下字符串：

```
msg = "小明和他的朋友们在天安门广场合影"
```

分析各模式在分词后返回结果的差别。代码如下：

```
#shiyan13-1.py
import jieba
msg = "小明和他的朋友们在天安门广场合影"

#精确模式
seg_list_precise = jieba.cut(msg, cut_all=False)
print("精确模式分词结果：", "/".join(seg_list_precise))

#全模式
seg_list_full = jieba.cut(msg, cut_all=True)
print("全模式分词结果：", "/".join(seg_list_full))

#搜索引擎模式
seg_list_search = jieba.cut_for_search(msg)
print("搜索引擎模式分词结果：", "/".join(seg_list_search))
```

(2) 对字符串 s 进行分词，同时分析其存在的问题并进行处理，从而获得符合常识的分词结果。

```
s = "张桂花在这次计算机学院举办的大数据竞赛中获得了第一名"
```

提示：尝试更新分词词典来获得正确的分词结果。

代码如下：

```
#shiyan13-2.py
import jieba

#加载自定义词典
jieba.load_userdict("custom_dict.txt")

s = "张桂花在这次计算机学院举办的大数据竞赛中获得了第一名"

#使用搜索引擎模式分词
seg_list_search = jieba.cut_for_search(s)
print("搜索引擎模式分词结果：", "/".join(seg_list_search))
```

(3) 编写程序，完成以下功能：

① 使用 jieba 库对字符串“小刚从马上跳下来”进行分词，观察结果是否正确。如果结果不正确，则通过修改词典进行调整。代码如下：

```
#shiyan13-3.py
import jieba

#加载自定义词典
jieba.load_userdict("custom_dict.txt")

s1 = "小刚从马上跳下来"

seg_list = jieba.cut(s1)
print("分词结果：", "/".join(seg_list))
```

② 使用 jieba 库对字符串“欢迎新老师生前来就餐”进行分词，观察结果是否正确。如果结果不正确，则通过修改词典进行调整。代码如下：

```
#shiyan13-4.py
import jieba

#加载自定义词典
jieba.load_userdict("custom_dict.txt")

s2 = "欢迎新老师生前来就餐"
```

```
seg_list = jieba.cut(s2)
print("分词结果：", "/".join(seg_list))
```

(4) 利用 jieba 分词系统中的 TF-IDF 接口提取下述段落 text 中的关键词。思考能否通过提取出的关键词获取下述段落想表达的内容。

```
text = "青年时代的吴承恩，是个狂放不羁、轻世傲物的年轻人。嘉靖十年，吴承恩与朋友结伴去南京应乡试。然而才华不如他的同伴考取了，他这位誉满乡里的才子竟名落孙山。第二年春天，他的父亲怀着遗憾去世。接受初次失败的教训，吴承恩在以后三年内，专心致志地在时文上下了一番苦功，但在嘉靖十三年秋试却仍然没有考中。两次乡试的失利，再加上父亲的去世，对吴承恩的打击很大。在他看来，考不上举人，不仅付资无数，而且愧对父母，有负先人。但他并不以为自己没考取是没本事，而只是命运不济，他认为“功名富贵自有命，必须得之无乃痴”。"
```

代码如下：

```
#shiyan13-5.py
import jieba.analyse

text = "青年时代的吴承恩，是个狂放不羁、轻世傲物的年轻人。嘉靖十年，吴承恩与朋友结伴去南京应乡试。然而才华不如他的同伴考取了，他这位誉满乡里的才子竟名落孙山。第二年春天，他的父亲怀着遗憾去世。接受初次失败的教训，吴承恩在以后三年内，专心致志地在时文上下了一番苦功，但在嘉靖十三年秋试却仍然没有考中。两次乡试的失利，再加上父亲的去世，对吴承恩的打击很大。在他看来，考不上举人，不仅付资无数，而且愧对父母，有负先人。但他并不以为自己没考取是没本事，而只是命运不济，他认为“功名富贵自有命，必须得之无乃痴”。"

#使用 TF-IDF 接口提取关键词
keywords = jieba.analyse.extract_tags(text, topK=5)

print("关键词：", keywords)
```

(5) 《西游记》是中国古典文学四大名著之一，原名《大唐西游记》，由明代文学家吴承恩所著。该小说讲述了唐僧师徒四人(唐僧、孙悟空、猪八戒、沙悟净)西天取经，历经九九八十一难，战胜妖魔鬼怪，最终取得真经的故事。其中，为世人所熟知的孙悟空是一只猕猴精，具有神通广大的本领，它的机智、勇敢和幽默成为了整个故事的核心。试编写程序简单实现《西游记》的文本分析，通过词频对比探索西游记的主角。

提示：使用 jieba 库简单统计西游记词频，并进行同义词处理(如合并行者，大圣为悟空)及排除词处理。

代码如下：

```
#shiyan13-6.py
import jieba
from collections import Counter

#读取《西游记》文本数据
with open("西游记.txt", "r", encoding="utf-8") as file:
```

```
        text = file.read()

    #使用 jieba 分词
    words = jieba.cut(text)

    #合并同义词(仅供参考)
    synonyms = {
        "行者": "悟空","大圣": "悟空","石猴": "悟空","美猴王": "悟空",
        "大圣": "悟空","齐天大圣": "悟空","孙行者": "悟空","斗战神佛": "悟空"
    }

    filtered_words = [synonyms[word] if word in synonyms else word for word in words]

    #排除词处理
    exclude_words = ["，", "。", "(", ")", "！", "？", "、", "“", "”", "：", "；", "《", "》", "的", "了", "在", "
是", "和", "也", "与", "之", "而", "然而", "但是", "所以", "因此", "就", "以及"]

    filtered_words = [word for word in filtered_words if word not in exclude_words]

    #统计词频
    word_counts = Counter(filtered_words)

    #输出词频最高的前 10 个词
    top_words = word_counts.most_common(10)
    print("词频最高的前 10 个词：")
    for word, count in top_words:
        print(f"{word}: {count}")
```

三、实验内容

(1) 使用 jieba 库对字符串“欣欣向荣荣借书”进行分词，观察结果是否正确。如果结果不正确，如何通过修改词典进行调整？

提示：字符串中的“欣欣”和“荣荣”均为人名，在修正结果时可考虑为这两个词标注词性。

(2) 据说世界上描写人物最多的小说是中国的《水浒传》。据有关人士统计，《水浒传》一书中描写的人物多达 895 位，这里面主要包括梁山好汉 108 位、有名有姓的其他人物 577 位、有名无姓的人物 9 位、无名有姓的人物 99 位以及书里提到但是没有出场的人物 102 位。接下来就对《水浒传》中所有人物的出场次数进行统计，找出出场次数最多的前 10 位水浒英雄。

提示：

① 分词前，对文本进行必要的处理。表 1-4 列出了在《水浒传》中部分人物的不同称呼，通过字符串替换等方法，将小说中关键人物的称呼进行统一。

表 1-4 部分人物在《水浒传》中的不同称呼

人　物	别　　名
宋江	宋押司、宋公明、黑三郎、呼保义、及时雨
李逵	黑旋风、铁牛
武松	武都头、武二郎、行者
燕青	燕小乙、小乙哥
卢俊义	玉麒麟、卢员外
鲁智深	智深、花和尚、鲁提辖
柴进	柴大官人、小旋风

② 分词时须同时获取词性。

③ 只对词性为人名的词语进行统计。

④ 对统计结果进行调整。如“梁山泊”并非人名，应在分词前将其加入词典并设置词性为地名。

(3) 随机选取一篇新闻，将其存入 news_article.txt 文件中，基于 TF-DIF 算法分析该新闻文本中的关键词和关键短语，从而快速了解新闻的主要内容。

要求：在提取关键词时，参数 topK 设置为 15。

(4) 在实验范例的第(5)题中我们通过词频对比探索了《西游记》的主角，这里我们利用 jieba 库的 extract_tags( )方法对小说《西游记》中的关键词进行提取，并根据关键词绘制词云。

要求：

① 提取关键词时，参数 withWeight 设置为 True，参数 topK 设置为 50。

② 根据提取的关键词及其权重绘制词云，词云的形状设置为正方形。

(5) 小明有每天写日记的习惯，假设字符串 msg 中存放了她的一篇日记，内容如下：

刘老师专门给小李讲解了几道数学习题。接着，小王向刘老师提出了一个问题。在课堂上，小红因为走神而被张老师批评了一顿。下课后，小王和小红一起在教室外面玩耍。放学后，小李、小王和小红一同留下来清理教室。

试编写程序，利用 networkx 库绘制人物间的关系图。

提示：

① 假设出现在同一句话中的人物之间具有共现关系，那么需要对文本中的每句话进行单独分词，提取出表示人物的词语。

② 对人物之间的共现次数进行计算，并将计算结果放入列表中。例如，列表[("小红", "小王", 2), ("小红", "小李", 1), …]，表示小红和小王共现次数为 2，小红和小李共现次数为 1……

③ 将所有人物作为节点，人物之间的关系作为边，绘制人物关系图。

(6) 使用 networkx 库绘制《水浒传》中的人物关系图。

① 对小说中关键人物的称呼进行必要的统一。

② 计算人物之间的共现关系(假设出现在同一个段落中的人物之间具有共现关系)。

③ 根据人物的共现关系绘制人物关系图。

要求：

① 关系图中边的粗细能反映人物之间关系的亲疏。

② 使用环形关系图。

(7) 对用户评论的褒贬性进行判断是情感分析的常用方法。形容词、程度副词和连词都是用于判断褒贬的重要依据。假设字符串 s="外观很好，音质也不错。但是佩戴体验真的太糟糕了！操作也不方便。"中存放了用户对某产品的一条评论。

要求：

① 使用 jieba 库对该条评论进行分词，提取所有的形容词、副词以及连词，并将结果输出。

② 试分析该评论中各形容词的褒贬性，以及副词和连词在褒贬性判断时的作用。

③ 已知列表 positive_lst=["好","不错","方便","赞"]中存放了褒义词汇；列表 negtive_lst=["糟糕", "烂"]中存放了贬义词汇。假设文本中每出现一个褒义词得 1 分，每出现一个贬义词得 -1 分，试编写程序，计算该产品评论的情感分，若分数大于 0 则为积极情感，若分数小于 0 则为消极情感。

提示：对文本分词结果进行统计时，需要考虑是否存在否定词。例如，该文本中的“方便”本来为褒义词，应该得 1 分，但是因为前面有一个否定词“不”，因此实际得 -1 分。

实验 14 数据分析与展示

一、实验目的

(1) 掌握 NumPy 库的基本应用。

(2) 掌握 Matplotlib 库中 Pyplot 模块的使用方法。

(3) 掌握 Pandas 库的基本应用。

二、实验范例

(1) 利用 NumPy 库，创建两个 ndarray 数组 A、B，两个数组均为 4 × 4 的二维数组。数组 A 中的元素为

[[0，1，2，3]
 [4，5，6，7]
 [8，9，10，11]
 [12，13，14，15]]

数组 B 中的元素为

[[16，17，18，19]
 [20，21，22，23]
 [24，25，26，27]
 [28，29，30，31]]

编程实现以下功能：

① 输出 A + B、B − A、A*B、A/B、$A^2 + B$ 的结果。

② 对 A 中间两行的元素和 B 中间两行的元素求和，并输出。

③ 输出 A 的数组轴个数 rank、数组形状 shape、数组大小和数组中每个元素占用的字节数。

代码如下：

```
#shiyan14-1.py
import numpy as np

#创建数组 A 和 B
A = np.array([[0, 1, 2, 3],
              [4, 5, 6, 7],
              [8, 9, 10, 11],
              [12, 13, 14, 15]])
B = np.array([[16, 17, 18, 19],
              [20, 21, 22, 23],
              [24, 25, 26, 27],
              [28, 29, 30, 31]])
#输出 A+B、B-A、A*B、A/B、A^2+B 的结果
print("A + B:")
print(A + B)

print("\nB - A:")
print(B - A)

print("\nA * B:")
print(A * B)

print("\nA / B:")
print(A / B)

print("\nA^2 + B:")
print(np.square(A) + B)
```

```
#对 A 中间两行的元素和 B 中间两行的元素求和，并输出
sum_A = np.sum(A[1:3, :], axis=0)
sum_B = np.sum(B[1:3, :], axis=0)
print("\nA 中间两行的元素求和：", sum_A)
print("B 中间两行的元素求和：", sum_B)

#输出 A 的数组轴个数 rank、数组形状 shape、数组大小和数组中每个元素占用的字节数
print("\n 数组 A 的 rank(数组轴个数)：", A.ndim)
print("数组 A 的形状 shape：", A.shape)
print("数组 A 的大小：", A.size)
print("数组 A 中每个元素占用的字节数：", A.itemsize)
```

(2) 利用 NumPy 库中的多项式处理函数，编程计算 $f(x) = 3x^2 + 2x + 1$ 在 $x = 1$ 和 $x = 3$ 时的值，并输出 f(x)的一阶导数和二阶导数。代码如下：

```
#shiyan14-2.py
import numpy as np

#定义多项式系数
coefficients = [3, 2, 1]

#定义多项式对象
poly = np.poly1d(coefficients)

#计算多项式在 x=1 和 x=3 时的值
x_values = [1, 3]
f_values = poly(x_values)

#输出结果
print("f(1) =", f_values[0])
print("f(3) =", f_values[1])

#计算一阶导数
f_prime = np.polyder(poly)

#计算二阶导数
f_double_prime = np.polyder(f_prime)

#输出一阶导数和二阶导数
print("f'(x) =", f_prime)
```

```
print("f''(x) =", f_double_prime)
```

(3) 有一群兔子和一些地窖，它们的数量都不知道。如果每个地窖放 3 只兔子，那么最后还剩 5 只兔子；如果每个地窖放 5 只兔子，就会有一个地窖闲置。编写程序，求解兔子和地窖的数量。代码如下：

```
#shiyan14-3.py
import numpy as np

def find_rabbit_and_hole():
    #创建兔子数量的数组，范围为 1 到 1000
    rabbit_count = np.arange(1, 1001)

    #创建地窖数量的数组，范围为 1 到 1000
    hole_count = np.arange(1, 1001)

    #利用向量化操作计算满足条件的兔子数量和地窖数量
    condition = (rabbit_count % 3 == 5) & (rabbit_count % 5 == 1) & (rabbit_count % hole_count == 5)

    #找到满足条件的兔子数量和地窖数量
    rabbit = rabbit_count[condition]
    hole = hole_count[condition]

    if len(rabbit) > 0 and len(hole) > 0:
        return rabbit[0], hole[0]
    else:
        return None, None

rabbit_count, hole_count = find_rabbit_and_hole()
if rabbit_count is not None and hole_count is not None:
    print("兔子数量:", rabbit_count)
    print("地窖数量:", hole_count)
else:
    print("未找到满足条件的解")
```

(4) 绘制下列函数的图形。

① $f(x) = \cos x + x^2 + 2, x \in [1, 2\pi]$

② $f(x) = x^3 + x^2 + x + 1, x \in [0, 5]$

代码如下：

```
#shiyan14-4.py
import numpy as np
import matplotlib.pyplot as plt
```

```
#定义第一个函数
def f1(x):
    return np.cos(x) + x**2 + 2

#定义第二个函数
def f2(x):
    return x**3 + x**2 + x + 1

#生成 x 值
x1_values = np.linspace(1, 2*np.pi, 100)
x2_values = np.linspace(0, 5, 100)

#计算对应的 y 值
y1_values = f1(x1_values)
y2_values = f2(x2_values)

#绘制第一个函数图形
plt.figure(figsize=(8, 6))
plt.plot(x1_values, y1_values, label='f(x) = cosx + x^2 + 2')
plt.xlabel('x')
plt.ylabel('f(x)')
plt.title('Plot of f(x) = cosx + x^2 + 2')
plt.legend()
plt.grid(True)
plt.show()

#绘制第二个函数图形
plt.figure(figsize=(8, 6))
plt.plot(x2_values, y2_values, label='f(x) = x^3 + x^2 + x + 1')
plt.xlabel('x')
plt.ylabel('f(x)')
plt.title('Plot of f(x) = x^3 + x^2 + x + 1')
plt.legend()
plt.grid(True)
plt.show()
```

(5) 如表 1-5 所示是某班几位学生的数学成绩表 student_score.csv，包含学号、姓名、性别和成绩，试解决以下问题：

表 1-5 数学成绩表

学 号	姓 名	性 别	成 绩
1001	张三	男	89
1024	王小梅	女	92
1018	李四	男	79
1022	吴刚	男	82
1013	刘艳	女	80

① 找出成绩最高和成绩最低的学生的姓名与学号。

② 计算五位学生的平均成绩。

③ 列出低于平均成绩的学生的姓名。

④ 生成一个新的表格，将五位学生的信息按照成绩高低排名。

代码如下：

```
#shiyan14-5.py
import pandas as pd

#读取学生数学成绩表
df = pd.read_csv("student_score.csv")

#找出成绩最高和成绩最低的学生的姓名与学号
highest_score_student = df[df["成绩"] == df["成绩"].max()]
lowest_score_student = df[df["成绩"] == df["成绩"].min()]
print("成绩最高的学生：")
print(highest_score_student[["学号", "姓名"]])
print("\n 成绩最低的学生：")
print(lowest_score_student[["学号", "姓名"]])

#计算五位学生的平均成绩
average_score = df["成绩"].mean()
print("\n 五位学生的平均成绩:", average_score)

#列出低于平均成绩的学生的姓名
below_average_students = df[df["成绩"] < average_score]["姓名"].tolist()
print("\n 低于平均成绩的学生的姓名:", below_average_students)

#生成按成绩高低排名的新表格
sorted_df = df.sort_values(by="成绩", ascending=False)
print("\n 按成绩高低排名的新表格:")
print(sorted_df)
```

三、实验内容

(1) 甲和乙各自在河的两岸放牧羊群，相互问羊的数量。甲说，如果你给我 3 只羊，我就是你的两倍；乙说，如果你给我 5 只羊，我们就一样多。试编写程序，计算甲乙各放多少只羊。

(2) 一家制造业公司生产多种产品，并使用生产线进行批量生产。为了监控生产质量和效率，他们记录了每天各生产批次的产量和不良品的数量。该公司最近发现一些生产批次的产量低于预期，并且不良品数量较高，这给他们的生产计划和产品质量带来了一定的困扰。为了解决这个问题，他们决定对过去一段时间的生产数据进行深入分析，以找出造成产量下降和不良品增加的原因，并采取相应的措施来改进生产过程。基于表 1-6 中的数据，假设你是公司的数据分析师，试回答以下问题：

表 1-6　生 产 数 据 表

日 期	生产批次	产品编号	产品名称	产量/个	不良品数量/个	生产线编号
2024-04-01	001	P001	零件 A	1000	20	L001
2024-04-01	002	P002	零件 B	800	10	L002
2024-04-01	003	P001	零件 A	1200	30	L001
2024-04-02	004	P003	零件 C	600	15	L003
2024-04-02	005	P001	零件 B	1000	20	L002
2024-04-02	006	P003	零件 C	800	15	L003
2024-04-03	007	P002	零件 B	1200	20	L002
2024-04-03	008	P001	零件 A	1000	10	L001
2024-04-03	009	P003	零件 C	800	15	L003

① 计算各日期的合格品率，并比较它们之间的差异。

② 分析每个生产线的平均产量和平均不良品数量，并找出产量和不良品数量最高的生产线。

③ 计算 4 月份每种产品的累计产量和累计不良品数量。

④ 检查产量低于平均产量并且不良品数量高于平均不良品数量的生产批次。

(3) 某班级参加一次数学测验，成绩分布如下：60 分以下 5 人，60～70 分 10 人，71～80 分 15 人，81～90 分 8 人，90 分以上 2 人。试使用 Matplotlib 库绘制直方图来展示学生的成绩分布情况。

(4) 某城市一周内的温度变化如下：周一 20℃，周二 22℃，周三 25℃，周四 24℃，周五 23℃，周六 21℃，周日 19℃。试使用 Matplotlib 库绘制折线图来展示这一周的温度变化情况。

(5) 利用 Matplotlib 库中的 Pyplot 模块，绘制 x 在[−10, 10]区间取值时的 $f(x) = x^4 + 2x^2 + 3x + 4$ 函数，以及 f(x)的一阶导数和二阶导数的图形。

要求：

① 绘制三个子图，分别放置上述的三个图形。

② 第一个子图区域，标题为 Polynomial，使用红色实线绘制。

③ 第二个子图区域，标题为 First Derivative，使用蓝色虚线绘制。

④ 第三个子图区域，标题为 Second Derivative，使用绿色实心圆点绘制。

(6) 一家人力资源管理公司负责管理多家企业的员工信息，并通过对员工数据的分析来提供人才管理和招聘建议。他们收集了一份包含员工基本信息的文件 employee_data.csv，其中包括姓名、年龄、性别、学历、工作年限、工资等信息。根据表 1-7 提供的员工数据，你需要完成以下任务：

表 1-7 员工数据表

姓名	学历	工作年限/年	年龄/岁	性别	所在城市	是否离职	工资/(万元/年)	行业
张三	本科	5	28	男	北京	否	20	IT
李四	硕士	8	35	女	上海	是	30	金融
王五	本科	10	32	男	深圳	否	25	制造业
赵六	博士	15	40	男	广州	是	40	医疗保健
钱七	本科	3	25	女	北京	否	18	教育
孙八	本科	12	38	男	上海	是	35	能源
周九	硕士	7	30	女	深圳	否	28	IT
吴十	本科	20	45	男	北京	否	50	金融
翠花	本科	4	27	女	广州	是	19	文化传媒
小明	硕士	9	33	男	上海	否	32	IT
小红	本科	6	29	女	北京	否	21	制造业
阿明	博士	16	41	男	深圳	是	42	医疗保健
阿红	硕士	8	31	女	广州	否	27	教育
小刚	本科	13	37	男	北京	否	36	金融
小丽	本科	2	26	女	上海	否	17	制造业
李明	硕士	11	34	男	深圳	否	33	IT
孙红	本科	14	39	女	广州	是	38	金融
大刚	本科	7	28	男	北京	否	23	能源
吴丽	硕士	9	42	女	上海	否	45	IT
张明	本科	8	29	男	深圳	否	24	制造业
王红	博士	12	36	女	广州	是	31	医疗保健
李刚	硕士	9	30	男	北京	否	28	教育
周小丽	本科	18	43	女	上海	否	47	金融
陈明	本科	6	27	男	深圳	是	22	IT
李小红	硕士	13	38	女	广州	否	32	制造业

① 使用 Pandas 库加载名为“employee_data.csv”的数据集，并显示前几行的数据。

② 统计数据集中男性和女性的人数，并使用 Matplotlib 库绘制饼图来展示性别比例。

③ 输出数据集中年龄最大和最小的员工姓名以及他们的年龄。

④ 对数据集中的工资进行描述性统计分析，并使用 Matplotlib 库绘制箱线图来展示工资的分布情况。

⑤ 计算每个城市的平均工作年限和平均工资，并使用 Matplotlib 库绘制柱状图来展示各城市的平均工作年限和平均工资情况。

⑥ 计算每个行业中离职员工的比例，并使用 Matplotlib 库绘制水平条形图来展示各行业的离职员工比例。

⑦ 输出制造业行业中工资最高的员工姓名以及他们的工资。

⑧ 计算每个行业中男性和女性员工的人数，并使用 Matplotlib 库绘制堆叠柱状图来展示各行业中男女员工的人数。

⑨ 分析每个城市的员工离职率，并使用 Matplotlib 库绘制折线图来展示各城市的员工离职率的变化情况。

⑩ 计算每个学历等级的平均工资，并使用 Matplotlib 库绘制水平条形图来展示各学历等级的平均工资情况。

第二部分

习题与解答

第 1 章　编程语言与 Python 概述

习　题

一、选择题

(1) 下列语言中(　　)不属于程序设计语言。

A. Java　　B. B 语言　　C. Python　　D. English

(2) 现代大多数微机的处理器字长是(　　)位。

A. 8　　B. 32　　C. 64　　D. 128

(3) 数据类型规定了一个存储器单元的(　　)。

A. 电压　　B. 比特位数　　C. 种类　　D. 容量

(4) 小数点约定在比特串最右边的数是一个(　　)。

A. 浮点数　　B. 定点整数　　C. 定点小数　　D. 双精度浮点数

(5) 计算机中各个部件数据交换的通道是(　　)。

A. 总线　　B. 控制器

C. 中央处理器　　D. 存储器

(6) 两个二进制数 1011 和 0010 做与操作的结果是(　　)。

A. 1011　　B. 0010　　C. 1010　　D. 0011

(7) 两个二进制数 1011 和 0010 做或操作的结果是(　　)。

A. 1011　　B. 0010　　C. 1010　　D. 0011

(8) ASCII 码是一种(　　)编码。

A. 交换　　B. 安全　　C. 输入　　D. 显示

(9) 下面语言中(　　)不属于高级语言。

A. Python　　B. C#　　C. 汇编语言　　D. Pascal

(10) 现代家用微机处理器的速度大约每秒运行(　　)次浮点运算。

A. 50 万　　B. 5000 万　　C. 10 亿　　D. 50 亿

(11) 下列说法中错误的是(　　)。

A. 控制器和运算器共同组成中央处理器

B. 存储器是计算机中速度最快的部件

C. 存储器的作用是存储程序和数据

D. 指挥计算机各个硬件部件协同工作的是控制器

二、简答题

(1) 计算机中有哪些部件？它们是如何连接的？

(2) 计算机是怎么实现自动执行程序功能的？

(3) 你认为未来计算机能完全理解自然语言吗？为什么？

(4) 简要回答 Python 语言的特点。

参考答案

一、选择题

(1) D　(2) C　(3) B　(4) C　(5) A　(6) B　(7) A　(8) A　(9) C　(10) D　(11) B

二、简答题

(1) 答：计算机在硬件上有 5 大部件，分别是运算器、控制器、存储器、输入和输出设备。这些部件通过总线进行连接，彼此交换数据，并在控制器的统一指挥下协同工作，完成所有的计算任务。

(2) 答：程序员编制好程序之后，通过编译系统把源程序变成由一条条指令组成的二进制可执行文件。在程序运行时，将这些指令调入存储器中按序存放，并把控制转向第一条指令的存储地址。控制器取出第一条指令，移码分析后形成相应的控制命令，并把命令和时序信号一起送到执行部件，由各执行部件加以执行；同时，控制器根据指令的执行情况形成下一条指令的存储地址，为取下一条指令做准备。这样，程序中的指令可按序依次执行，共同完成任务。

(3) 答：人所使用的自然语言和机器使用的程序设计语言本身并没有本质区别，不同的是程序的大小受到制约，这就产生了所谓的上下文无关性。譬如汉语言中的一个成语包含了很多历史信息，没有相应的知识就无法理解这些信息。现代计算机的软硬件都在高速进化，摩尔定律之后并行计算结构的发展、以大数据处理为核心的大规模机器学习，使得高容量和高速度的计算机软硬件在知识储备的潜质上已经不输于人。随着时间的积累，计算机最终能在相当高的程度上正确地完成自然语言的处理。

(4) 略。

第2章 Python基本语法

习 题

一、选择题

(1) Python中，关于变量命名的说法正确的是(　　)。

A. 变量名可以以数字开头

B. 变量名可以包含字母、数字、下划线

C. 变量名可以是Python的关键字，如if、while

D. 变量名区分大小写

(2) 下面关于Python赋值语句的描述，错误的是(　　)。

A. 可以使用=进行赋值

B. 可以同时为多个变量赋值，例如a, b = 1, 2

C. 变量在使用前必须赋值

D. 可以使用 += 对变量进行重新赋值，如a += 1而不用事先声明变量a

(3) 在Python中，3.14属于(　　)数值类型。

A. 整数型　　B. 浮点型　　C. 字符串型　　D. 布尔型

(4) Python中不合法的变量名是(　　)。

A. _myvar　　B. my_var　　C. 2myvar　　D. myVar

(5) 以下操作是Python中的除法运算的是(　　)。

A. //　　B. **　　C. %　　D. /

(6) 在Python中，执行x = 5 / 2后，x的值是(　　)。

A. 2　　B. 2.5　　C. 3　　D. '2.5'

(7) Python中执行x = int(8.7)后，x的值是(　　)。

A. 8.0　　B. 8　　C. 9　　D. 8.7

(8) 以下是Python中的幂运算的是(　　)。

A. x ^ y　　B. x ** y　　C. x * y * y　　D. pow(x, y)

(9) 在Python中，若想获得5除以2的余数，应使用的运算符是(　　)。

A. /　　B. //　　C. %　　D. *

(10) Python语言支持的数值类型包括(　　)。

A. 整型、浮点型、复数型　　B. 整型、字符串型、布尔型

C. 整型、浮点型、列表型　　D. 浮点型、复数型、字典型

(11) 在 Python 中，表示一个多行字符串的方式是(   )。

A. 使用单引号 '...'　　B. 使用双引号 "..."

C. 使用三个单引号 '''...'''　　D. 使用加号 + 连接多个字符串

(12) 下面函数可以将整数 32 转换为对应的 ASCII 字符的是(   )。

A. chr(32)　　B. ord(32)　　C. str(32)　　D. int('32')

(13) 考虑以下 Python 代码：

```
s = "HELLO"
print(s.lower())
```

该代码的输出是(   )。

A. HELLO　　B. hello　　C. 报错　　D. None

(14) 以下关于 Python 字符串索引的描述，错误的是(   )。

A. 字符串索引从 0 开始

B. 在 Python 中，负数索引表示从字符串末尾开始计数

C. 字符串索引可以超过字符串的实际长度，不会报错

D. 索引 str[0]表示字符串的第一个字符

(15) 给定字符串 str = "Python"，执行 str[1:4]的结果是(   )。

A. "Pyt"　　B. "ytho"　　C. "yth"　　D. "ython"

二、填空题

(1) Python 中用于表示布尔值“真”的关键字是____。

(2) 要表示复数 5 + 3j 中的虚部，我们应该写作 complex_var.____。

(3) 若要检查 Python 中一个变量的类型是否为整型，可使用的函数是____(variable)。

(4) 在 Python 中，表达式 8 ** 2 的结果是____。

(5) Python 中，表达式 5 / 2 的结果是_____类型。

(6) 在 Python 中，字符串可以使用_____或_____来定义。

(7) 在 Python 中，将整数 123 转换为字符串类型的函数是_____(123)。

(8) 在 Python 中判断等于使用的符号是_____。

(9) Python 中，8 % 3 的结果是_____。

(10) 要获取字符串 python 的前三个字符，使用的切片表达式是_____[0:3]。

三、编程题

(1) 编写一个 Python 程序，接收用户输入的数字，然后计算并打印该数字的平方和立方。

(2) 编写一个 Python 程序，接收用户输入的两个字符串，然后输出这两个字符串拼接后的结果，中间用空格分隔。

(3) 编写一个 Python 程序，接收用户输入的三个数字，并求出最大值。

(4) 编写一个 Python 程序，要求用户输入一个字符串，然后反转这个字符串并打印输出。

(5) 编写一个 Python 程序，接收用户输入的一个整数，判断该整数是奇数还是偶数，并

打印结果。

(6) 编写一个 Python 程序，要求用户分别输入两个字符串，将它们拼接后打印出来。

(7) 编写一个程序，接收用户输入的一个字符串，计算并打印该字符串中字母 a 的数量。

参考答案

一、选择题

(1) D

(2) D

(3) B

(4) C(本题考查了 Python 的变量命名规则，C 违反了变量命名规则中的“不能以数字开始”的原则)

(5) D

(6) B

(7) B(使用 int(8.7)将 8.7 转换为整数，根据 int()函数的定义，它会向下取整，去掉小数点和后面的部分，因此，x 的值是 8)

(8) B

(9) C

(10) A

(11) C

(12) A(在 Python 中，要将一个整数值转换成对应的 ASCII 字符，可以使用 chr()函数，这个函数接受一个整数(代表 Unicode 代码点)并返回对应的字符)

(13) B(这段代码利用了字符串对象的.lower()方法。该方法的作用是将字符串中的所有大写字母转换成小写字母，并返回转换后的新字符串。对于字符串 "HELLO"，调用 s.lower()会将所有字母转换成小写，结果是 "hello")

(14) C

(15) C(表达式 str[1:4]截取从索引 1 开始到索引 4 之前的字符，即包括索引 1、2 和 3 的字符，而不包括索引 4。此时，被索引 1(y)、索引 2(t)、索引 3(h)所代表的字符组成的子字符串是 "yth")

二、填空题

(1) True (2) imag (3) type (4) 64 (5) float (6) 单引号、双引号

(7) str (8) == (9) 2 (10) Python

三、编程题

(1) 参考代码如下：

```
num = int(input("请输入一个数字："))
print("平方为：", num**2)
```

```
print("立方为：", num**3)
```

(2) 参考代码如下：

```
str1 = input("请输入第一个字符串：")
str2 = input("请输入第二个字符串：")
print("拼接后的字符串：", str1 + "" + str2)
```

(3) 提示：本题主要考查 split()和 float()方法。首先使用 split()方法，将输入的字符串在空格处分割成列表，每个元素为字符串。然后使用 float()方法将列表中的每个字符串元素转换为浮点数。最后使用内置函数 max()计算转换后的浮点数列表中的最大值。

参考代码如下：

```
nums = input("请输入三个数字，用空格分隔：").split()
nums = [float(num) for num in nums]
print("最大值为：", max(nums))
```

(4) 提示：本题可利用 Python 字符串的切片功能[::-1](从开始到结束步长为-1)来得到反转的字符串。

参考代码如下：

```
string = input("请输入一个字符串：")
reversed_string = string[::-1]
print("反转后的字符串为：", reversed_string)
```

(5) 提示：本题可首先使用 int()方法将输入转换为整数，然后使用 if…else 结构来判断数值的奇偶性：当数值除以 2 的余数为 0 时，认为是偶数；否则，为奇数。

参考代码如下：

```
num = int(input("请输入一个整数: "))
if num % 2 == 0:
    print(f"{num} 是偶数")
else:
    print(f"{num} 是奇数")
```

(6) 参考代码如下：

```
str1 = input("请输入第一个字符串: ")
str2 = input("请输入第二个字符串: ")
result = str1 + str2
print(f"拼接后的字符串为: {result}")
```

(7) 提示：本题主要考查 count()方法。使用字符串方法.count('a')可计算字符串中 a 的出现次数。

参考代码如下：

```
str_input = input("请输入一个字符串: ")
count = str_input.count('a')
print(f"字符串中字母'a'的数量是: {count}")
```

第3章　程序流程控制

习　题

一、选择题

(1) 选择(分支)结构可以使用 Python 语言中的(　　)语句实现。

A. for　　B. while　　C. def　　D. if

(2) 程序的三种基本结构是(　　)。

A. 过程结构，循环结构，选择结构

B. 顺序结构，跳转结构，循环结构

C. 顺序结构，循环结构，选择结构

D. 过程结构，对象结构，函数结构

(3) 在 Python 中，下列关键字用于表示“否”的条件的是(　　)。

A. or　　B. and　　C. not　　D. else

(4) 在 Python 中，以下表达式的结果为 True 的是(　　)。

A. True and False　　B. True or False

C. not True　　D. 以上都不是

(5) 在 Python 中，elif 和 else 之间可以有(　　)elif 语句。

A. 0　　B. 1　　C. 多个　　D. 只能有一个 elif 语句

(6) 在 Python 中，以下合法的条件语句是(　　)。

A. if x > 5 then:　　B. if x > 5:　　C. if x > 5;　　D. if x > 5

(7) 如果在一个条件语句中，所有的条件都不满足，程序会执行的分支是(　　)。

A. if　　B. elif　　C. else　　D. continue

(8) 如果一个条件语句的条件过于复杂，那么可以用来提高可读性的是(　　)。

A. 使用嵌套的条件语句

B. 不加修改，尽量保持条件语句简洁

C. 使用多个逻辑运算符来组合条件

D. 分解成多个简单条件语句

(9) 在 Python 中，如果一个条件语句块什么也不做，那么应使用(　　)关键字来占位。

A. NULL　　B. empty　　C. pass　　D. void

(10) 如果有多个条件语句都满足条件，那么(　　)会被执行。

A. 第一个满足条件的分支　　B. 最后一个满足条件的分支

C. 随机选择一个分支　　D. 所有满足条件的分支

(11) 在 Python 中，一语句要在下一行继续写，用(　　)符号作为续行符。

A. \　　B. _　　C. ;　　D. -

(12) 下面可以用于比较两个字符串是否相等的是(　　)。

A. =　　B. ==　　C. compare()　　D. equal_to()

(13) 考虑以下 Python 代码：

```
for x in "Helloworld":
    if x == "w":
        continue
    print(x,end="")
```

该代码的输出是(　　)。

B. Hello　　B. world　　C. Helloorld　　D. Helloworld

(14) 考虑以下 Python 代码：

```
if z>=0:
    if a < b:
        print('1111')
    elif a % 2 == 0:
        print('2222')
```

若 z = 0, a = 8, b = 3，该代码的输出是(　　)。

A. 1111　　B. 2222　　C. 无输出　　D. 程序出错

(15) 条件表达式 3 != x < 50 的含义是(　　)。

A. x 的值等于 3 且小于 50

B. x 的值不等于 3 且小于或等于 50

C. x 的值不等于 3 且小于 50

D. x 的值等于 3 且小于或等于 50

(16) 下列 for 循环执行后，输出结果的最后一行是(　　)。

```
for i in range(1, 3):
    for j in range(2, 5):
        print(i * j)
```

A. 2　　B. 6　　C. 8　　D. 15

(17) 关于 Python 遍历循环，以下选项中描述错误的是(　　)。

A. 遍历循环通过 for 实现

B. 无限循环无法实现遍历循环的功能

C. 遍历循环可以理解为从遍历结构中逐一提取元素，放在循环变量中，对于所提取的每个元素只执行一次语句块

D. 遍历循环中的遍历结构可以是字符串、文件、组合数据类型和 range()函数等

(18) 以下关于 Python 循环结构的描述中，正确的是(　　)。

A. for 循环不能用于遍历列表

B. 在 while 循环中，break 语句用于跳过当前循环的剩余部分

C. for 循环的迭代对象可以是字符串、列表、元组等可迭代对象

D. while 循环必须包含一个 else 子句

(19) 当 a, b, c, d = 1, 3, 5, 4 时，执行完下面一段程序后 x 的值为(　　)。

```
a, b, c, d = 1, 3, 5,   4
if a < b:
    if c < d:
        x = 1
    elif a < c:
        if b < d:
            x = 2
        else:
            x = 3
    else:
        x = 6
else:
    x = 7
print(x)
```

A. 1　　B. 2　　C. 3　　D. 6

(20) 下面代码的输出结果是(　　)。

```
for s in "HelloWorld":
    if s == "W":
        break
    print(s, end="")
```

A. HelloWorld　　B. Helloorld　　C. World　　D. Hello

(21) 以下程序的输出结果是(　　)。

```
x, y, z = 2, -1, 2
if x < y:
    if y < 0:
        z = 0
    else:
        z += 1
print(z)
```

A. 3　　B. 2　　C. 1　　D. 0

(22) 以下关于循环结构的描述，错误的是(　　)。

A. 遍历循环的循环次数由遍历结构中的元素个数来体现

B. 非确定次数的循环次数是根据条件判断来决定的

C. 非确定次数的循环用 while 语句来实现，确定次数的循环用 for 语句来实现

D. 遍历循环对循环的次数是不确定的

(23) 下面代码的执行结果是(　　)。

```
print(pow(3, 0.5)*pow(3, 0.5) == 3)
```

A. True　　B. pow(3,0.5)*pow(3,0.5)==3

C. False　　D. 3

(24) 以下代码的输出结果是(　　)。

```
for i in range(1, 6):
    if i % 4 == 0:
        break
    else:
        print(i, end=",")
```

A. 1, 2, 3, 5,　　B. 1, 2, 3, 4,　　C. 1, 2, 3,　　D. 1, 2, 3, 5, 6,

(25) 下面代码的输出结果是(　　)。

```
s = 1
while(s <= 1):
    print('计数：', s)
    s = s + 1
```

A. 计数：0 计数：1　　B. 出错

C. 计数：0　　D. 计数：1

(26) 给出如下代码，以下选项中描述正确的是(　　)。

```
sum = 0
for i in range(1, 11):
    sum += i
    print(sum)
```

A. 循环内语句块执行了 11 次

B. sum += i 可以写为 sum = +i

C. 如果 print(sum)语句完全左对齐，则输出结果不变

D. 输出的最后一个数字是 55

(27) 下列选项中，会输出 1, 2, 3 三个数字的是(　　)。

A.

```
for i in range(3):
    print(i)
```

B.

```
for i in range(2):
    print(i + 1)
```

C.

```
a_list = [0, 1, 2]
for i in a_list:
    print(i + 1)
```

D.

```
i = 1
while i < 3:
    print(i)
```

```
    i = i + 1
```

(28) 下列说法中错误的是(　　)。

A. while 语句的循环体中可以包括 if 语句

B. if 语句中可以包括循环语句

C. 循环语句不可以嵌套

D. 选择语句可以嵌套

(29) 以下程序的输出结果是(　　)。

```
for i in reversed(range(10, 0, -2)):
    print(i, end="")
```

A. 0 2 4 6 8 10　　　　B. 1 2 3 4 5 6 7 8 9 10

C. 9 8 7 6 5 4 3 2 1 0　　　　D. 2 4 6 8 10

(30) 下面代码的输出结果是(　　)。

```
a = []
for i in range(2, 10):
    count = 0
    for x in range(2, i-1):
        if i % x == 0:
            count += 1
    if count != 0:
        a.append(i)
print(a)
```

A. [3,5,7,9]　　　　B. [4,6,8,9]

C. [4,6,8,9,10]　　　　D. [2,3,5,7]

二、编程题

(1) 编写一个 Python 程序，接收用户输入的年份，然后判断该年份是否为闰年。若年份能被 4 整除但不能被 100 整除，或能被 400 整除，则该年份为闰年。

(2) 编写一个 Python 程序，接收用户输入的一个整数，然后检测该数字能否被 2 和 3 都整除，还是只能被它们中的一个整除。

(3) 输入三角形的三条边，判断能否组成三角形。若能，则计算三角形的面积。

(4) 编写一个 Python 程序，要求用户输入一个四位整数，然后判断这个整数是否是一个回文数。若一个数从左向右和从右向左读时是一样的，则此数就是回文数。

(5) 编写一个 Python 程序，用 for 循环输出 0 到 100 内所有的奇数，用 while 循环输出 0 到 100 内所有的偶数。

(6) 编写一个 Python 程序，统计 100 以内个位数是 2 并且能够被 3 整除的数的个数。

(7) 水仙花数是三位数，其各位数字立方和等于该数本身。例如：153 是水仙花数，因为 153 = 1^3 + 5^3 + 3^3。编写一个 Python 程序来打印所有的水仙花数。

(8) 一张纸的厚度大约是 0.08 mm，编写一个 Python 程序，计算对折多少次之后能达到珠穆朗玛峰的高度(8848.13 m)。

参考答案

一、选择题

(1) D(选择结构用于根据条件执行不同的代码块，在 Python 中使用 if 语句来实现)

(2) C(程序的三种基本结构是顺序结构、循环结构和选择结构)

(3) C(not 关键字用于取反，即表示“否”的条件)

(4) B(True or False 的结果是 True，因为在 or 操作符中，任何一方为真时，结果即为真)

(5) C(在 Python 中，可以有多个 elif 语句来处理不同的条件)

(6) B(合法的 Python 条件语句以 if 开头，条件后跟一个冒号)

(7) C(如果所有的 if 和 elif 条件都不满足，程序将执行 else 分支)

(8) D(为了提高可读性，复杂条件可以分解为多个简单条件)

(9) C(pass 语句在 Python 中用于占位，表示“什么也不做”)

(10) A(Python 中的条件语句会执行第一个满足条件的分支，之后不会再继续检查其他条件)

(11) A(在 Python 中，用反斜杠\作为续行符，表示语句未结束)

(12) B(在 Python 中==用于比较两个字符串是否相等)

(13) C(continue 语句会跳过当前一轮循环的剩余部分，故 w 不会被打印)

(14) B(因为 z = 0，所以进入第一个 if。a < b 为假，但 a % 2 == 0 为真，因此输出 2222)

(15) C(该表达式相当于(3 != x) and (x < 50)，所代表的含义是 x 的值不等于 3 且小于 50)

(16) C(本题考查 Python 循环结构的输出结果。在提供的代码中，存在两层嵌套循环，外层循环变量 i 取值 1 和 2，内层循环变量 j 取值 2、3 和 4。循环体输出 i 与 j 的乘积。根据循环执行顺序，最终输出的最后一行是 i = 2 和 j = 4 时的结果，即乘积 8)

(17) B(本题考查 Python 遍历循环。选项 A、C、D 正确描述了遍历循环的实现和特点。选项 B 错误，因为无限循环可以是遍历循环的一种形式，但会导致程序无法按预期执行后续操作)

(18) C(for 循环可以遍历各种可迭代对象，如字符串、列表、元组等。while 循环中，break 语句用于终止循环，而不是跳过当前循环的剩余部分。while 循环不强制要求包含 else 子句。for 循环的迭代对象可以是字符串、列表、元组等可迭代对象)

(19) B(本题考查条件判断和嵌套结构。根据给定的条件，x 被赋值为 2)

(20) D(本题考查 for 循环和 break 语句。当遇到字符 "W" 时，break 语句执行，循环提前结束，打印出 "Hello")

(21) B(本题考查条件判断和变量赋值。由于 x < y 不成立，z 的值保持不变)

(22) D(本题考查循环结构的理解。选项 A、B、C 正确描述了循环结构的特点。选项 D 错误，因为遍历循环对循环的次数是确定的，次数由遍历序列中的元素个数来实现)

(23) C(本题考查 pow 函数和浮点数比较。因为 pow(3, 0.5)的数学计算结果是一个无限不循环小数。计算机内存储浮点数是有长度限制的，超出其存储范围的小数部分会被忽略

掉。所以最后得到的结果只可能是一个无限接近 3 的小数，所以判断结果为 False)

(24) C(本题考查 for 循环和 if 条件判断。当 i 为 4 时，break 语句执行，循环结束，打印出“1, 2, 3”)

(25) D(本题考查 while 循环和初始条件。由于初始条件满足 s <= 1，循环体执行打印“计数：1”，s 自增 1 后不满足循环条件后退出循环)

(26) D(本题考查 for 循环和累加求和。选项 A 错误，循环内语句块执行了 10 次；选项 B 错误，sum += i 不能写为 sum = +i；选项 C 错误，输出结果会变；选项 D 正确，输出的最后一个数字是 55)

(27) C(本题考查循环结构和打印输出。选项 A 打印 0 到 2；选项 B 打印 1 和 2；选项 C 打印 1、2、3；选项 D 打印 1 和 2)

(28) C(本题考查循环和条件语句的嵌套。选项 A、B、D 正确描述了语句的嵌套使用。选项 C 错误，循环语句可以嵌套)

(29) D(本题考查 reversed 函数和 range 函数。range(10, 0, −2)生成一个从 10 到 2 的序列(不包括 0)，步长为 −2，得到[10, 8, 6, 4, 2]。reversed()将序列反转为[2, 4, 6, 8, 10]。循环输出结果为 2 4 6 8 10)

(30) B(外层循环遍历从 2 到 9 的数字。内层循环从 2 到 i − 1 检查每个 i 是否有其他因数存在。如果有因数，则 count 增加；如果 count 不为 0，则说明 i 不是质数，加入列表 a。4 有因数 2，6 有因数 2，8 有因数 2，9 有因数 3，所以最终输出[4, 6, 8, 9])

二、编程题

(1) 提示：若要判断输入年份是否为闰年，需要判断输入年份是否满足题目中给出的闰年条件。先通过 input()获取年份，并将其转换为整数。接着使用 if…else 结构判断年份是否为闰年，若条件成立则输出 "{year}年为闰年"，否则输出 "{year}年为平年"。下面的代码中结合了条件判断、逻辑运算和字符串格式化。

参考代码如下：

```
year = int(input("请输入一个年份: "))
if (year % 4 == 0 and year % 100 != 0) or (year % 400 == 0):
    print(f"{year}年为闰年")
else:
    print(f"{year}年为平年")
```

(2) 提示：首先，通过 input()获取用户输入并转换为整数。然后使用 if…elif…else 结构判断整数的整除情况：若同时能被 2 和 3 整除，输出相应信息；若只能被其中之一整除，则分别输出对应的结果；若都不能整除，则输出不能整除的提示。下面的代码中运用了条件判断和逻辑运算符来实现多条件分支。

参考代码如下：

```
num = int(input("请输入一个整数: "))
if num % 2 == 0 and num % 3 == 0:
        print(f"{num} 可以被 2 和 3 都整除。")
    elif num % 2 == 0:
        print(f"{num} 只能被 2 整除。")
```

```
    elif num % 3 == 0:
        print(f"{num} 只能被 3 整除。")
    else:
        print(f"{num} 既不能被 2 整除也不能被 3 整除。")
```

(3) 提示：首先，通过 input()获取三条边的长度并转换为浮点数。然后使用 if 条件判断三角形的三边关系：若任意两边之和大于第三边，则满足构成三角形的条件。接着利用海伦公式计算三角形的面积，其中 s 为半周长，math.sqrt()用于求平方根。最后，输出三角形面积，若不满足构成三角形的条件，则提示不能构成三角形。

参考代码如下：

```
import math
a = float(input("请输入三角形的第一条边长: "))
b = float(input("请输入三角形的第二条边长: "))
c = float(input("请输入三角形的第三条边长: "))
if a + b > c and a + c > b and b + c > a:
    s = (a + b + c) / 2
    area = math.sqrt(s * (s - a) * (s - b) * (s - c))
    print(f"这三条边可以构成一个三角形，其面积为: {area:.2f}")
else:
    print("这三条边不能构成一个三角形。")
```

(4) 提示：通过 input()获取用户输入，并使用切片操作 num[::-1]反转字符串。若原字符串与反转后的字符串相等，则输出是回文数，否则输出不是回文数。下面的代码利用了字符串切片和比较操作来简洁地判断回文数。

参考代码如下：

```
num = input("请输入一个四位整数: ")
if num == num[::-1]:
        print(f"{num} 是一个回文数。")
    else:
        print(f"{num} 不是一个回文数。")
```

(5) 提示：通过 for 循环和 while 循环分别输出 1 到 100 内的奇数和偶数。for 循环遍历 0 到 100 的数字，使用 continue 跳过偶数，仅打印奇数；while 循环则判断当前数是否为偶数，若是，则打印出来。下面的代码中使用了两种常见的循环结构，以及 continue 语句跳过特定条件。

参考代码如下：

```
i = 0
print("1 到 100 内的奇数有：")
for i in range(101):
    if i % 2 == 0:
        continue
    print(i)
```

```
print("1 到 100 内的偶数有：")
j = 0
while j < 101:
    if j % 2 == 0:
        print(j)
    j += 1
```

(6) 提示：通过 for 循环遍历 1 到 100 的数字，结合 if 条件判断数字是否满足要求，若满足则计数器 count 加 1。最后输出符合条件的数字总数。下面的代码中展示了循环遍历、条件判断及计数器的基本使用方法。

参考代码如下：

```
count = 0
for i in range(1, 101):
    if i % 10 == 2 and i % 3 == 0:
        count += 1
print(count)
```

(7) 提示：通过 for 循环遍历 100 到 999 的每个三位数，使用整除和取模操作提取数字的各个位数。判断该数字是否等于其各位数字的立方和，若相等，则打印该数字。下面的代码中展示了循环遍历、数字分解和条件判断的应用。

参考代码如下：

```
for i in range(100, 1000):
    x = i // 100
    y = i % 100 // 10
    z = i % 10
    if i == x ** 3 + y ** 3 + z ** 3:
        print(i)
```

(8) 提示：首先，初始化高度为 0.08 毫米，使用 while 循环不断将高度翻倍，并增加计数器 count。当高度达到或超过 8848.13 时，打印当前高度和所需次数，并终止循环。下面的代码中展示了循环控制、条件判断的基本应用。

参考代码如下：

```
heigh = 0.08 / 1000
count = 0
while True:
    count += 1
    heigh *= 2
    if heigh >= 8848.13:
        print(heigh)
        print(count)
        break
```

第4章　列表与元组

习　题

一、选择题

(1) 给定列表 lst = [1, 2, 3, 4, 5]，执行 lst.remove(3)后，列表 lst 的内容是(　　)。

A. [1, 2, 4, 5]　　B. [1, 2, 3, 4, 5]

C. [1, 2, 5, 3, 4]　　D. [1, 2, 3, 5]

(2) 对于列表 lst = [1, 2, 3, 4, 5]，执行 lst.sort(reverse=True)后，列表 lst 的内容是(　　)。

A. [5, 1, 2, 3, 4]　　B. [1, 2, 3, 4, 5]

C. [1, 5, 4, 3, 2]　　D. [5, 4, 3, 2, 1]

(3) 如果有一个元组 tup = (1, 2, 3)，能够将这个元组转换成列表的是(　　)。

A. tup.tolist()　　B. list(tup)　　C. tup(list)　　D. convert(tup, list)

(4) 对于列表 lst = [1, 2, 3, 4, 5]，执行 lst.insert(1, 0)后，列表 lst 的内容是(　　)。

A. [1, 2, 3, 4, 5, 0]　　B. [0, 1, 2, 3, 4, 5]

C. [1, 0, 2, 3, 4, 5]　　D. [1, 0]

(5) 给定元组 tup = (5, 10, 15, 20, 25)，能够获取元组中的最大值的是(　　)。

A. tup.max()　　B. max(tup)

C. tup.get_max()　　D. find_max(tup)

(6) 给定列表 lst = [1, 2, 3, 4, 5]，执行 lst.pop()后，列表 lst 的内容是(　　)。

A. [1, 2, 3, 5]　　B. [1, 2, 3, 4]

C. [1, 2, 3, 4, 5]　　D. [2, 3, 4, 5]

(7) 对于列表 lst = [1, 2, 3, 4, 5]，执行 lst.clear()后，列表 lst 的内容是(　　)。

A. [1, 0, 2, 3, 4]　　B. [1, 2, 3, 4, 5]

C. []　　D. [0, 0, 0, 0, 0]

(8) 给定列表 lst = [1, 2, 3, 4, 5]，执行 lst += [6, 7]后，列表 lst 的内容是(　　)。

A. [1, 2, 3, 4, 6, 7]　　B. [1, 2, 3, 4, 5]

C. [6, 7]　　D. [1, 2, 3, 4, 5, 6, 7]

(9) 对于元组 tup = (1, 2, 3)和列表 lst = [4, 5, 6]，执行 combined = tup + lst 后，combined 的内容是(　　)。

A. 出现错误　　B. [1, 2, 3]　　C. [4, 5, 6]　　D. (1, 2, 3, 4, 5, 6)

(10) 给定列表 lst = [1, 2, 3, 4, 5]，执行 lst.extend([6, 7])后，列表 lst 的内容是(　　)。

A. [1, 2, 3, 4, 5, [6, 7]]　　B. [1, 2, 3, 4, 5]

C. [6, 7]　　D. [1, 2, 3, 4, 5, 6, 7]

(11) 给定元组 tup = (1, 2, 3)，能够将元组转换为列表并添加一个新元素 4 的是(　　)。

A. tuple(list(tup) + [4])　　B. list(tup) + [4]

C. tup + (4,)　　D. tuple(tup) + [4]

(12) 对于列表 lst = [1, 2, 3, 4, 5]，执行 lst.index(3)将返回(　　)。

A. None　　B. 3　　C. IndexError　　D. 2

(13) 对于列表 lst = [1, 2, 3, 4, 5]，能够反转这个列表的是(　　)。

A. reversed(lst)　　B. lst.reverse()　　C. lst[::-1]　　D. lst.rotate(180)

(14) 给定列表 lst = [1, 2, 3, 4, 5]，执行 lst.count(3)将返回(　　)。

A. 2　　B. 0　　C. 1　　D. 3

(15) 给定元组 tup = (1, 2, 3)和列表 lst = [4, 5, 6]，执行 combined = list(tup) + lst 后，combined 的内容是(　　)。

A. [1, 2, 3, 4, 5, 6]　　B. [1, 2, 3]

C. [4, 5, 6]　　D. (1, 2, 3, 4, 5, 6)

(16) 对于列表 lst = [1, 2, 3, 4, 5]，执行 lst[2:] = [8, 9, 10]后，列表 lst 的内容是(　　)。

A. [1, 2, 8, 9, 10, 3, 4, 5]　　B. [1, 2, 3, 4, 5]

C. [1, 2, 8, 9, 10]　　D. [1, 2]

(17) 给定列表 lst = [1, 2, 3, 4, 5]，执行 lst.insert(−1, 0)后，列表 lst 的内容是(　　)。

A. [1, 2, 3, 4, 5]　　B. [1, 2, 3, 4, 5, 0]

C. [1, 2, 3, 0, 4, 5]　　D. [1, 2, 3, 4, 0, 5]

(18) 对于列表 lst = [1, 2, 3, 4, 5]，执行 lst.remove(3)后，列表 lst 的内容是(　　)。

A. [1, 2, 4, 5]　　B. [1, 2, 3, 4, 5]　　C. [1, 2, 3, 5]　　D. [1, 2, 4, 3, 5]

(19) 给定元组 tup = (1, 2, 3)和列表 lst = [4, 5, 6]，执行 combined = [*tup, *lst]后，combined 的内容是(　　)。

A. [1, 2, 3]　　B. [1, 2, 3, 4, 5, 6]

C. [4, 5, 6]　　D. (1, 2, 3, 4, 5, 6)

(20) 对于列表 lst = [1, 2, 3, 4, 5]，执行 lst.reverse()后，列表 lst 的内容是(　　)。

A. [5, 4, 3, 2, 1]　　B. [1, 2, 3, 4, 5]　　C. [1, 5, 4, 3, 2]　　D. [5, 1, 4, 3, 2]

(21) 给定列表 lst = [1, 2, 3, 4, 5]，执行 lst[1:2] = [10, 20, 30]后，列表 lst 的内容是(　　)。

A. [1, 10, 20, 30, 3, 4, 5]　　B. [1, 2, 3, 4, 5]

C. [1, 10, 20, 30, 4, 5]　　D. [1, 10, 20, 3, 4, 5]

(22) 对于列表 lst = [1, 2, 3, 4, 5]，执行 x = lst.pop(0)后，变量 x 的值和列表 lst 的内容是(　　)。

A. x = 5, lst = [1, 2, 3, 4]　　B. x = 1, lst = [2, 3, 4, 5]

C. x = 5, lst = [1, 2, 3, 4, 5]　　D. x = None, lst = [1, 2, 3, 4, 5]

(23) 给定列表 lst = [1, 2, 3, 4, 5]，执行 lst *= 2 后，列表 lst 的内容是(　　)。

A. [1, 2, 3, 4, 5, 5, 4, 3, 2, 1]　　B. [1, 2, 3, 4, 5]

C. [1, 1, 2, 2, 3, 3, 4, 4, 5, 5]　　D. [1, 2, 3, 4, 5, 1, 2, 3, 4, 5]

二、填空题

(1) 列表 my_list 包含元素[1, 2, 3, 4, 5]，使用 len(my_list)将返回列表的长度为____。

(2) 列表 fruits 包含元素['apple', 'banana', 'cherry'],要找到 'banana' 的索引,可以使用 fruits.index(__)。

(3) 要将列表 numbers 中的所有元素乘以 2，可以使用列表推导式____。

(4) 列表 colors 包含元素['red', 'green', 'blue']，要将 'yellow' 添加到列表的末尾，可以使用 colors.____()。

(5) 列表 digits 包含元素[0, 1, 2, 3, 4, 5],要移除列表中的最后一个元素,可以使用 digits.____()。

(6) 列表 scores 包含元素[85, 90, 78, 95, 88],要获取列表中的最大值,可以使用 max(____)。

(7) 元组 point 包含元素(2, 3)，要获取元组中的第二个元素，可以使用 point[____]。

(8) 要将列表 a 与列表 b 合并成一个列表，如果 a = [1, 2]和 b = [3, 4]，则使用____ + ____。

(9) 列表 my_list 包含元素['a', 'b', 'c', 'd']，要将列表中的所有元素转换成大写，可以使用列表推导式________________________。

(10) 元组 tup 包含元素(1, 2, 3)，要将元组转换成列表，然后对列表进行排序，最后再转换成元组，使用 tuple(sorted(list(____)))。

(11) 列表 nums 包含元素[1, 3, 2, 4, 5]，要找出列表中的最小值，可以使用 min(____)。

(12) 要检查元素 'orange' 是否在列表 basket 中，可以使用____ in basket。

(13) 列表 letters 包含元素['a', 'b', 'c', 'd']，要反转列表，可以使用 letters.____()。

(14) 元组 tup1 包含元素(1, 2)，元组 tup2 包含元素(3, 4)，要将两个元组合并成一个元组，可以使用____ + ____。

(15) 列表 nums 包含元素[10, 20, 30, 40, 50]，要将列表中的每个元素除以 10，可以使用列表推导式________________________。

三、编程题

(1) 已有列表 numbers = [1, 2, 3, 4, 5, 6, 7, 8, 9, 10]，编程实现以下功能：

① 显示列表中的所有元素。

② 从列表中删除一个指定位置的元素。

③ 在指定位置插入一个新元素。

④ 显示修改后的列表。

⑤ 计算列表中所有元素的总和。

(2) 已有元组：strings = ('apple', 'banana', 'cherry', 'date', 'elderberry'),编程实现以下功能：

① 显示元组中的所有元素。

② 将元组转换成列表，然后在列表中删除一个指定的字符串。

③ 将修改后的列表转换回元组。

④ 显示修改后的元组。

⑤ 计算元组中字符串的总长度。

(3) 编写一个程序，实现以下功能：

① 创建一个包含用户输入的多个整数的列表。

② 对列表进行排序。

③ 搜索一个用户指定的整数是否在列表中，并显示结果。

(4) 编写一个程序，实现以下功能：
① 创建一个包含不同数据类型的元组。
② 将元组转换为列表。
③ 在列表中添加一个新元素。
④ 将修改后的列表转换回元组。
(5) 编写一个程序，实现以下功能：
① 创建一个包含 20 个连续整数的列表。
② 使用切片操作显示列表的前 5 个元素。
③ 使用切片操作显示列表的最后 5 个元素。
④ 使用切片操作反转整个列表。
(6) 编写一个程序，实现以下功能：
① 创建一个包含 5 个元素的元组。
② 使用解包将元组的元素分配给 5 个变量。
③ 更改其中一个变量的值。
④ 使用这些变量重新创建一个元组。

参考答案

一、选择题

(1) A(执行 lst.remove(3)后，列表 lst 中的元素 3 将被移除，因此列表 lst 的内容将是[1, 2, 4, 5])

(2) D(执行 lst.sort(reverse=True)后，列表 lst 将按照降序进行排序。这意味着列表中的元素将按照从大到小的顺序重新排列)

(3) B(将元组转换成列表的正确方法是使用 list()函数，它可以接收一个可迭代对象作为参数，并将其转换为列表)

(4) C(执行 lst.insert(1, 0)后，列表 lst 中索引为 1 的位置将插入元素 0。在 Python 中，列表的索引从 0 开始，所以索引 1 是列表中的第二个位置。因此，元素 0 将被插入到列表的第二个元素之前)

(5) B(在 Python 中，元组本身没有 max()方法，但是可以使用内置的 max()函数来获取元组中的最大值。这个函数接收一个可迭代对象作为参数，并返回其中的最大值)

(6) B(在 Python 中，lst.pop()方法默认移除并返回列表中的最后一个元素。如果调用 pop()而不带任何参数，它将移除列表 lst 的最后一个元素，并返回该元素。所以，执行 lst.pop()后，列表 lst 的最后一个元素 5 将被移除)

(7) C(执行 lst.clear()后，列表 lst 中的所有元素将被移除，列表将变为空)

(8) D(执行 lst += [6, 7]后，列表 lst 将通过扩展操作符 += 将列表[6, 7]中的元素追加到 lst 的末尾)

(9) A(在 Python 中，元组是不可变的数据类型，不支持修改操作。虽然可以使用“+”操作符来连接两个元组，或者连接两个列表，但不能直接将元组和列表用“+”操作符进

行连接。当执行 tup + lst 操作时(其中 tup 是元组，lst 是列表)，Python 解释器会报错，提示类似“can only concatenate tuple (not "list") to tuple”这样的错误信息，表明不能把列表和元组进行这种拼接操作，所以会出现错误)

(10) D(执行 lst.extend([6, 7])方法后，列表 lst 将被扩展，将列表[6, 7]中的元素添加到 lst 的末尾)

(11) B(要将元组转换为列表并添加一个新元素，可以首先将元组转换为列表，然后使用列表的加法操作来添加元素。选项 B 是正确的方法，因为它首先将元组转换为列表，然后添加新元素 4 形成一个新的列表)

(12) D(在 Python 中，lst.index(value)方法返回列表中第一次出现 value 的索引。如果 value 不在列表中，则抛出 ValueError。对于列表 lst = [1, 2, 3, 4, 5]，执行 lst.index(3)将返回元素 3 在列表中的索引，它是从 0 开始计数的)

(13) B(在 Python 中，有几种方法可以反转列表：reversed(lst)可返回一个反转的迭代器，但它不修改原始列表；lst.reverse()可就地反转列表，即修改原始列表；lst[::-1]可通过切片操作返回列表的一个副本，该副本是原始列表的反转版本；rotate 方法用于列表的就地旋转。答案 B 符合要求)

(14) C(在 Python 中，lst.count(value)方法用于返回列表中 value 出现的次数。对于列表 lst = [1, 2, 3, 4, 5]，元素 3 只出现了一次)

(15) A(执行 combined = list(tup) + lst 后，首先将元组 tup 转换为列表，然后使用“+”操作符将这个列表与列表 lst 相连接)

(16) C(在 Python 中，lst[start:end] = [new_values]这种语法用于将 lst 从索引 start 开始到 end(不包括 end)的部分替换为列表[new_values]中的元素。对于列表 lst = [1, 2, 3, 4, 5]，执行 lst[2:] = [8, 9, 10]将替换索引 2(即元素 3)到列表末尾的所有元素为[8, 9, 10]中的元素)

(17) D(在 Python 中，lst.insert(index, element)方法在列表 lst 的指定位置 index 插入元素 element。如果 index 是负数，它表示从列表末尾开始计算的位置。对于列表 lst = [1, 2, 3, 4, 5]，执行 lst.insert(−1, 0)将在列表的最后一个元素位置上(即索引为 −1 的位置)插入元素 0)

(18) A(执行 lst.remove(3)后，列表 lst 中的第一个值为 3 的元素将被移除)

(19) B(在 Python 中，[*iterable]是一种使用星号(*)和方括号([])的语法，称为“展开”(unpacking)，它允许将可迭代对象(如元组或列表)中的元素展开成单独的元素。对于元组 tup = (1, 2, 3)和列表 lst = [4, 5, 6]，执行 combined = [*tup, *lst]将展开元组和列表中的元素，并将它们作为单独的元素放入一个新的列表中)

(20) A(执行 lst.reverse()方法将就地反转列表 lst 中的元素顺序)

(21) A(在 Python 中，lst[start:end] = new_list 这种语法用于将 lst 从索引 start 开始到 end(不包括 end)的部分替换为列表 new_list 中的元素。对于列表 lst = [1, 2, 3, 4, 5]，执行 lst[1:2] = [10, 20, 30]将替换索引 1(即元素 2)到索引 2(即元素 3)的部分为[10, 20, 30]中的元素。这意味着 2 将被替换为[10, 20, 30]

(22) B(执行 x = lst.pop(0)后，pop()方法将移除列表 lst 中索引为 0 的元素，并将其赋值给变量 x。在列表 lst = [1, 2, 3, 4, 5]中，索引为 0 的元素是 1。因此，变量 x 的值将是 1，而列表 lst 的内容将变为[2, 3, 4, 5])

(23) D(执行 lst *= 2 后，列表 lst 将被乘以 2，这实际上是将列表与其自身相连接)

二、填空题

(1) 5 (2) 'banana' (3) [x * 2 for x in numbers] (4) append('yellow')
(5) pop (6) scores (7) 1 (8) a b (9) my_list = [x.upper() for x in my_list]
(10) tup (11) nums (12) 'orange' (13) reverse (14) tup1 tup2
(15) [x / 10 for x in nums]

三、编程题

(1) 参考代码如下：

```
#创建一个包含 10 个整数的列表
numbers = [1, 2, 3, 4, 5, 6, 7, 8, 9, 10]
#显示列表中的所有元素
print("原始列表:", numbers)
#从列表中删除一个指定位置的元素，例如删除索引为 3 的元素
del numbers[3]
#在指定位置插入一个新元素，例如在索引为 3 的位置插入数字 20
numbers.insert(3, 20)
#显示修改后的列表
print("修改后的列表:", numbers)
#计算列表中所有元素的总和
total_sum = sum(numbers)
print("列表元素总和:", total_sum)
```

(2) 参考代码如下：

```
#创建一个包含 5 个字符串的元组
strings = ('apple', 'banana', 'cherry', 'date', 'elderberry')
#显示元组中的所有元素
print("原始元组:", strings)
#将元组转换成列表
strings_list = list(strings)
#在列表中删除一个指定的字符串，例如删除'cherry'
strings_list.remove('cherry')
#将修改后的列表转换回元组
strings_tuple = tuple(strings_list)
#显示修改后的元组
print("修改后的元组:", strings_tuple)
#计算元组中字符串的总长度
total_length = sum(len(s) for s in strings_tuple)
print("元组中字符串的总长度:", total_length)
```

(3) 参考代码如下：

```
#获取用户输入的多个整数并创建列表
```

```
user_input = input("请输入多个整数，用空格分隔: ")
numbers = [int(num) for num in user_input.split()]
#对列表进行排序
numbers.sort()
#显示排序后的列表
print("排序后的列表:", numbers)
#获取用户想要搜索的整数
search_number = int(input("请输入要搜索的整数: "))
#搜索整数是否在列表中
if search_number in numbers:
    print(f"{search_number} 在列表中。")
else:
    print(f"{search_number} 不在列表中。")
```

(4) 这个问题可以通过以下步骤来解决：

创建元组：定义一个包含不同数据类型的元组。元组是一种不可变的数据结构，不能在创建后修改其内容。

转换为列表：由于元组是不可变的，列表是可变的，因此需要将其转换为列表。

添加新元素：一旦元组转换为列表，就可以使用列表的 append()方法或其他方法来添加新元素。

转换回元组：添加了新元素后，若需要将列表转换回元组，则可以通过使用 tuple()函数来实现。

参考代码如下：

```
#创建一个包含不同数据类型的元组
mixed_tuple = (1, 'two', 3.0, 'four')
#将元组转换为列表
mixed_list = list(mixed_tuple)
#在列表中添加一个新元素
mixed_list.append('five')
#将修改后的列表转换回元组
mixed_tuple_updated = tuple(mixed_list)
#显示结果
print("转换后的列表:", mixed_list)
print("更新后的元组:", mixed_tuple_updated)
```

(5) 参考代码如下：

```
#创建一个包含 20 个连续整数的列表
numbers = list(range(1, 21))
#使用切片操作显示列表的前 5 个元素
print("列表的前 5 个元素:", numbers[:5])
#使用切片操作显示列表的最后 5 个元素
```

```
print("列表的最后 5 个元素:", numbers[-5:])
#使用切片操作反转整个列表
numbers_reversed = numbers[::-1]
#显示反转后的列表
print("反转后的列表:", numbers_reversed)
```

(6) 这个问题可以通过以下步骤来解决：

创建元组：定义一个包含 5 个元素的元组。

解包元组：使用解包语法将元组中的元素分配给 5 个不同的变量。在 Python 中，可以通过将元组放在变量前来实现解包。

更改变量的值：元组是不可变的，不能更改元组中的元素，但可以更改分配给变量的值。

重新创建元组：使用变量的当前值来重新创建一个新的元组。

参考代码如下：

```
#创建一个包含 5 个元素的元组
original_tuple = ('a', 'b', 'c', 'd', 'e')
#使用解包将元组的元素分配给 5 个变量
a, b, c, d, e = original_tuple
#更改其中一个变量的值
e = 'E'
#使用这些变量重新创建一个元组
new_tuple = (a, b, c, d, e)
#显示结果
print("原始元组:", original_tuple)
print("更新后的元组:", new_tuple)
```

第 5 章 字典与集合

习 题

一、选择题

(1) 在 Python 中，集合(set)和字典(dictionary)的区别是(　　)。

A. 集合是有序的，字典是无序的

B. 集合是可变的，字典是不可变的

C. 集合存储键值对，字典存储元素

D. 集合元素是唯一的，字典键是唯一的

(2) 下列操作中可以创建一个空集合的是(　　)。

A. set() B. {} C. {''} D. {0}

(3) 在 Python 中，用于创建字典的方法是( )。

A. dict() B. {} C. set( ) D. []

(4) 下列操作中可以从集合中移除一个元素的是( )。

A. discard() B. pop() C. remove() D. clear()

(5) 以下方法中用于将一个元素添加到集合中的是( )。

A. append() B. add() C. insert() D. update()

(6) 下列操作中用于获取字典中所有的键的是( )。

A. keys() B. get() C. values() D. items()

(7) 如果要删除字典中的某个键值对，应该使用的方法是( )。

A. delete() B. pop() C. remove() D. clear()

(8) 在 Python 中，应使用( )获取字典中值的列表。

A. values() B. keys() C. items() D. get()

(9) 下列选项中可以用于合并两个集合的是( )。

A. union() B. merge() C. combine() D. add()

(10) 在 Python 中，检查一个键是否存在于字典中的是( )。

A. key in dict B. dict in key C. key.exists() D. key.exists(dict)

(11) 下列方法中用于清空集合中的所有元素的是( )。

A. clear() B. remove_all() C. delete_all() D. empty()

(12) Python 中的字典是通过( )实现的。

A. 链表 B. 数组 C. 散列表 D. 树

(13) 如果想要同时遍历字典的键和值，应该使用的方法是( )。

A. keys() B. values() C. items() D. enumerate()

(14) 下列选项中用于检查两个集合是否相等的是( )。

A. equals() B. == C. is() D. compare()

(15) 在 Python 中，集合中元素的顺序是( )。

A. 插入顺序 B. 升序排列 C. 随机顺序 D. 逆序排列

(16) 如何在字典中添加一个键值对？( )

A. 使用 add()方法 B. 使用 insert()方法

C. 直接赋值 D. 使用 append()方法

(17) 下列选项中用于获取集合的长度的是( )。

A. length() B. count() C. size() D. len()

(18) 下列选项中用于将两个字典合并的是( )。

A. join() B. merge() C. combine() D. update()

(19) 集合中可以包含的元素类型是( )。

A. 列表 B. 元组 C. 字典 D. 集合

(20) 如果要创建一个包含键为 1、值为 'one' 的字典，应该使用的方式是( )。

A. {1: 'one'} B. {1, 'one'} C. (1: 'one') D. [1, 'one']

二、编程题

(1) 编写一个函数 merge_dicts，接收任意数量的字典作为参数，并返回这些字典合并后的结果。如果有重复的键，则保留最后一个出现的键值对。

(2) 给定一个字符串，统计字符串中每个字符出现的次数，并以字典的形式返回结果(忽略大小写)。

(3) 编写一个函数 reverse_dict，接收一个字典作为参数，并返回一个新字典，其中原字典的键和值互换位置。

(4) 编写一个函数 find_duplicates，接收一个列表作为参数，并返回列表中所有重复出现的元素。

(5) 实现一个简单的单词计数器程序，接收一个字符串作为输入，统计字符串中每个单词出现的次数，并以字典的形式返回结果(忽略大小写，并且将标点符号视为单词的一部分)。

参考答案

一、选择题

(1) D(本题考查 Python 中集合(set)和字典(dictionary)的区别。集合中的元素是唯一的，不允许重复；字典的键也是唯一的，不允许重复)

(2) A(本题考查 Python 中空集合的创建方法。选项 A 中的 set()可以创建一个空集合；选项 B 中的{}实际上是创建了一个空字典；选项 C 中的{''}和选项 D 中的{0}都创建了非空集合)

(3) AB(本题考查 Python 中创建字典的方法。dict()和{}都可以用来创建字典，且创建的是一个空字典；set()用于创建集合；[]用于创建列表)

(4) ABC(discard()用于移除指定的元素，如果元素不存在于集合中，则不会引发错误；pop()用于从集合中随机移除并返回一个元素，如果集合为空，则会引发 KeyError；remove()用于移除指定的元素，如果元素不存在于集合中，则会引发 KeyError；clear()用于清空整个集合，移除所有元素)

(5) B(本题考查 Python 中向集合添加元素的方法。add()用于向集合中添加一个元素；append()和 insert()是用于列表的方法，不能用于集合；update()用于向集合中添加多个元素(可以传入可迭代对象))

(6) A(本题考查 Python 中获取字典中所有键的方法。keys()用于获取字典中所有的键，返回一个视图对象；get()用于根据键获取字典中的对应值；values()用于获取字典中所有的值；items()用于获取字典中所有的键值对)

(7) B(本题考查 Python 中删除字典中键值对的方法。pop()用于删除字典中指定的键值对，并返回该键对应的值；delete()和 remove()不是 Python 中用于删除字典中键值对的方法；clear()用于清空字典，移除所有键值对)

(8) A(本题考查 Python 中获取字典中值列表的方法。values()用于获取字典中所有值的列表，返回一个视图对象；keys()用于获取字典中所有的键；items()用于获取字典中所有的键值对；get()用于根据键获取字典中的对应值)

(9) A(本题考查 Python 中用于合并两个集合的方法。union()用于合并两个集合，返回一个包含两个集合中所有元素的新集合；merge()和 combine()不是用于集合操作的有效方法；add()用于向集合中添加单个元素，不适用于合并两个集合)

(10) A(本题考查 Python 中检查键是否存在于字典中的方法。key in dict 用于检查键是否存在于字典中，返回布尔值 True 或 False；dict in key 存在语法错误，不能用于检查字典中的键；key.exists()和 key.exists(dict)不是 Python 中用于检查字典键的有效方法)

(11) A(本题考查 Python 中用于清空集合的方法。clear()方法用于清空集合中的所有元素。选项 B、C、D 在 Python 中均不是集合的方法)

(12) C(本题考查 Python 中字典的实现方式。Python 中的字典是通过散列表(Hash Table)实现的，这使得字典的键查找、插入和删除操作的平均时间复杂度为 O(1))

(13) C(本题考查 Python 中遍历字典键和值的方法。items()方法用于返回一个包含字典中所有键值对的视图对象，可以通过遍历该对象同时访问字典的键和值；选项 A 和 B 分别用于遍历键或值；选项 D 主要用于遍历序列并获取索引和值的组合)

(14) B(本题考查集合比较的语法。在 Python 中，可以使用==运算符来检查两个集合是否相等。equals()和 compare()是其他语言中的方法，而 is()用于检查对象的身份(即是否是同一个对象)

(15) C(本题考查集合中元素的顺序。在 Python 中，集合(set)中的元素是无序的，存储顺序是不可预测的，因此是随机顺序。集合不保持元素的插入顺序、升序或逆序排列)

(16) C(本题考查在字典中添加键值对的方法。在 Python 中，可以通过直接赋值的方式在字典中添加一个键值对，例如 dict[key] = value。add()、insert()和 append()方法是用于集合、列表等其他数据结构的方法)

(17) D(本题考查获取集合长度的方法。在 Python 中，使用 len()函数可以获取集合的长度。length()、count()和 size()是其他语言或数据结构中可能用到的方法)

(18) D(本题考查字典合并的方法。在 Python 中，可以使用 update()方法将一个字典合并到另一个字典中。join()、merge()和 combine()不是字典合并的有效方法)

(19) B(本题考查集合中可以包含的元素类型。在 Python 中，集合的元素必须是可散列且不可变的，因此可以包含元组，但不能包含列表、字典或其他集合，因为这些类型是可变的)

(20) A(本题考查创建字典的语法。在 Python 中，创建字典的方式是使用大括号{}和键值对的形式，键和值之间用冒号 : 分隔。因此，{1: 'one'}是正确的创建字典的方法。{1, 'one'}创建的是集合，而(1: 'one')和[1, 'one']不是有效的字典语法)

二、编程题

(1) 参考代码如下：

```
def merge_dicts(*dicts):
    result = {}
    for d in dicts:
        result.update(d)
    return result
```

(2) 参考代码如下：

```
def count_characters(s):
    s = s.lower()
    counts = {}
    for char in s:
        if char.isalpha():
            counts[char] = counts.get(char, 0) + 1
    return counts
```

(3) 参考代码如下：

```
def reverse_dict(d):
    return {v: k for k, v in d.items()}
```

(4) 参考代码如下：

```
def find_duplicates(lst):
    seen = set()
    duplicates = set()
    for item in lst:
        if item in seen:
            duplicates.add(item)
        else:
            seen.add(item)
    return list(duplicates)
```

(5) 参考代码如下：

```
import re


def word_counter(s):
    words = re.findall(r'\b\w+\b', s.lower())
    counts = {}
    for word in words:
        counts[word] = counts.get(word, 0) + 1
    return counts
```

第6章 函　　数

习　题

一、选择题

(1) 下列陈述中不正确的是(　　)。

A. 函数是一个语句序列的集合体　B. 函数有助于增强程序的可读性
C. 函数使程序变得更复杂　D. 函数提高了代码的可重用性

(2) 函数定义过程中，参数列表后边必须紧跟一个(　　)符号。

A. |　B. =　C. :　D. ：

(3) 下列函数调用错误的是(　　)。

A. f(1, 2)　B. f(a=1, b=2)　C. f(b=1, a=2)　D. f((1, 2)

(4) Python 中用于定义函数的关键词是(　　)。

A. return　B. def　C. function　D. del

(5) 有下列代码：

```
def hello():
    print("hello.")
print(hello())
```

则其输出结果是(　　)。

A. hello.　B. 出错　C. None　D. hello.
None

(6) 下列关于内建函数的描述错误的是(　　)。

A. id()返回一个变量的一个编号，是其在内存中的地址
B. all(ls)返回 True，如果 ls 中的每个元素都是 True
C. type()返回一个对象的类型
D. sorted()对一个序列的数据类型进行排序，将排序后结果写回该变量

(7) 下列关于函数参数传递的描述错误的是(　　)。

A. 定义函数时，可选参数必须写在必选参数的后边
B. 函数的实参位置可变，当需要形参定义和实参调用时都要给出名称
C. Python 支持可变数量的参数，实参用“*参数名”表示
D. 调用函数时，可变数量参数被当作元组类型传递到函数中

(8) 下列函数的输出结果是(　　)。

```
def fun(a, b=1, c = 2):
    print(a+b+c)
fun(3, ,4)
```

A. 6　B. 7　C. 8　D. 出错

(9) 下列函数的输出结果是(　　)。

```
def f(a, b, *c):
    print(a,b,c)
f(1,2,3 ,4)
```

A. 1 2 (3, 4)　B. 1 2 3 4　C. 1 2 3, 4　D. 1 2 [3, 4]

(10) 下列关于函数参数的说法错误的是(　　)。

A. 参数是 int 时，不能改变实参的值
B. 参数是 list 时，可改变员参数的值
C. 参数是 dict 时，可改变实参的值
D. 参数的值是否可改变与参数类型无关

二、编程题

(1) 输入两个数，编写函数，计算这两个数的和。

(2) 编写函数，计算两个数的余数。

(3) 编写函数，判断一个数是否为偶数。

(4) 编写函数，判断某个年份是否为闰年。

(5) 编写函数，判断某个数是否为素数。

(6) 编程求出 100 以内的所有素数。

(7) 斐波那契数列定义为：n 为正整数，若 n<3，则其斐波那契值为 1；否则返回 n 的前两个值的斐波那契值之和。编写斐波那契函数。

(8) 传说中的汉诺神庙中有 A、B、C 三座塔，A 塔中由小到大叠放着 64 个大小不等的圆盘。庙中和尚玩着这么一个游戏：将这 64 个圆盘从 A 塔搬到 C 塔中去。游戏规则是每次只能搬动一个圆盘，圆盘只能叠放，并且任何时候都不允许小圆盘放在大圆盘的下面。当然，可以用 B 塔作为中间存放地。编写函数，描述圆盘搬移的过程。

参考答案

一、选择题

(1) C(在绝大部分情况下，合理地使用函数可使程序显得更为简洁，极大地增强了程序的可读性，减少了出错的可能)

(2) C(函数定义过程中，参数列表后紧跟的是英文的冒号(:)，不是中文的冒号(：))

(3) D(对于选项 D，如果是把 1 和 2 作为简单类型的参数传递给 f，则多了一个左括号“(”；而如果 f 要求的参数是元组类型，则少了一个右括号“)”)

(4) B

(5) D(hello()函数的作用是在屏幕上显示一个字符串“hello.”，但函数体中没有通过 return 返回一个值，系统返回一个默认的“None”。当 hello()函数作为 print()的参数被调用时，print()接收到的参数就是“None”)

(6) D(Python 的内置函数 sorted()用于对可迭代对象进行排序操作。它返回一个新的已排序的列表，而不改变原始的可迭代对象。sorted()函数可以接收多个参数，其中最常用的是一个可迭代对象和几个可选的关键字参数。可迭代对象可以是列表、元组、字符串等。关键字参数可以用于指定排序的方式，如是否逆序、按照特定的键进行排序等)

(7) C(Python 用“*参数名”的形式来定义一个任意数量的参数)

(8) D(要使用缺省参数的方式来调用函数，必须遵守从右到左的缺省顺序)

(9) A(1 和 2 被形参 a 和 b 所接收，而 3 和 4 则在函数内部被组合成一个元组(3, 4)传递给了形参 c)

(10) B(函数体内对列表类型形参的修改会反映到实参值的改变上)

二、编程题

(1) 参考代码如下：

```
#sum.py
def sum(a, b):
    return a+b
x = input("Please enter a number: ")
y = input("Please enter another number: ")
print(sum(x, y))
```

(2) 参考代码如下：

```
#remain.py
def remain(a, b):
    return a%b
```

(3) 提示：偶数就是能被 2 整除的数，换言之，就是被 2 整除余 0 的数。利用 Python 的取余操作符%可以实现。

参考代码如下：

```
#even.py
def is_even(a):
    if a%2 == 0:
        return True
    return False
```

(4) 提示：闰年就是能被 4 整除，并且不能被 100 整除，但又可以被 400 整除的年份。这三个条件中是逐步增强的：被 4 整除最弱，不能被 100 整除较强，而被 400 整除最强。

参考代码如下：

```
#leap_year.py
def leap_year(y):
    if y%4==0 and y%100 !=0 and y%400==0:
        return True
    return False
```

(5) 提示：如果一个数除了 1 和它自身，再没有其他因数，则这个数称为素数。要验证一个数 p 是不是素数，最简单的做法是：将 p 对每一个大于 1 且小于它自身的数 i 取余，只要能找到一个数 i，使得 p 能整除 i(或者说 p 对 i 余 0)，则 p 不是素数。如果所有小于 p 的数都无法满足这个整除的要求，那么 p 必定是素数。这里用的是排除法。

在上面的排除法中，如果 p 很大，那么整个搜索区间就是从 2 到 p－1 之间的所有数，可以通过缩小搜索区间来减少计算量，从而提高计算效率。如果确知 p 不能被 2 整除，那么可以肯定 p 不能被 p/2 整除(这里的/是整除)，而且因为 p 也肯定无法整除大于 p/2 且小于 p 的数，所以我们在确定搜索区间的时候，只要选择 2～p/2 即可。这样搜索区间减少了一半，计算效率也提高了一倍。

实际上，通过缩小搜索区间来提高计算效率的方法还可以进一步改进，留待同学们自行思考。

参考代码如下：

```
# is_prime.py
```

```
def is_prime(p):
    for i in range(2, p/2, 1):
        if p%i == 0:
            return False
return True
```

(6) 参考代码如下：

```
# all_prime.py
def primes():
    for i in range(2, 101):
        if is_prime(i):
            print(i)
```

(7) 提示：斐波那契数列是一个每个数字是前两个数字之和的序列。给定数列最前面的两个数分别是 0 和 1，那么第三个数就是 $0 + 1 = 1$，第四个数是 $1 + 1 = 2$，第五个数是 $1 + 2 = 3$，以此类推。这样我们很容易联想到递推公式 $f(n) = f(n - 1) + f(n - 2)$，这种结构显然更适合采用递归函数实现。

递推公式中出现了 $f(n - 2)$，递推的重点是 n>2 的情况，但之前应准备好初始工作：n<=0、n==1、n==2 的情况必须先考虑好。具体实现的时候，让递归函数返回一个列表，然后用列表项来传递递归结果。

参考代码如下：

```
# fibonacci_recursive.py
def fibonacci_recursive(n):
    if n <= 0:
        return []
    elif n == 1:
        return [0]
    elif n == 2:
        return [0, 1]
    else:
        fib_list = fibonacci_recursive(n-1)
        return fib_list + [fib_list[-1] + fib_list[-2]]


n = 10
print(fibonacci_recursive(n))
```

如果只是需要求斐波那契数列中的某个项，也可以采用下面的形式，这样更为直接。

```
#fibonacci.py
def fibonacci(n):
if n <= 2:
    return 1
else:
```

```
    return fibonacci(n-1) + fibonacci(n-2)
```

(8) 参考代码如下：

```
# hanoi.py
def hanoi(n, a, b, c):
    if( n == 1 ):
        print("Move disk " + n + ": from " + a + " to " + c)
    else:
        hanoi(n-1, a, c, b)
        print("Move disk " + n + ": from tower " + a + " to tow" + c)
        hanoi(n-1, b, a, c)

hanoi(64, 'A', 'B', 'C')
```

第 7 章　文件与异常

习　题

一、选择题

(1) 在 Python 中，能打开文件的函数是(　　)。

A. openFile()　　B. open()　　C. fileOpen()　　D. readFile()

(2) 若要以只读模式打开一个文件，应使用的模式是(　　)。

A. w　　B. r　　C. a　　D. rb

(3) Python 语句中用于异常处理的是(　　)。

A. try/except　　B. try/catch　　C. if/else　　D. for/while

(4) 能够在不自动添加换行符的情况下输出内容到文件的是(　　)。

A. file.write()　　B. file.println()　　C. file.print()　　D. file.append()

(5) 若尝试打开不存在的文件，默认情况下会发生(　　)。

A. 创建新文件　　B. 返回 None

C. 抛出 FileNotFoundError　　D. 抛出 PermissionError

(6) 下列不是有效的文件打开模式的是(　　)。

A. r+　　B. b　　C. w　　D. a

(7) 读取文件内容的方法是(　　)。

A. read()　　B. write()　　C. open()　　D. close()

(8) 关闭文件的方法是(　　)。

A. open()　　B. write()　　C. close()　　D. read()

(9) 使用 with 语句打开文件的好处是(　　)。

A. 自动关闭文件　　B. 增加文件读取速度

C. 无须使用 open()函数　　D. 可以处理更多种类的文件

(10) try 块后(　　)except 块。

A. 只有一个　　B. 最多有两个

C. 有任意数量个　　D. 没有

(11) 以下关于 finally 块的说法错误的是(　　)。

A. finally 块中的代码无论是否发生异常都会执行

B. finally 块用于释放资源

C. 如果没有 try 块，则不能使用 finally 块

D. finally 块只在发生异常时执行

(12) 若要处理任何异常，应使用的关键字是(　　)。

A. Any　　B. Except　　C. All　　D. Exception

(13) 当尝试打开的文件不存在时，将抛出的异常类型是(　　)。

A. IOError　　B. FileNotFoundError

C. ValueError　　D. PermissionError

(14) 在文件操作中，'a+' 模式表示(　　)。

A. 仅追加　　B. 追加和读取

C. 写入和读取　　D. 仅读取

(15) 下列模块中可以读写 CSV 文件的是(　　)。

A. Json　　B. os　　C. sys　　D. csv

二、填空题

(1) 在 Python 中，使用__________语句可确保文件的正确关闭，即使在读取文件时发生错误。

(2) 当尝试写入到只读文件时，Python 会抛出__________异常。

(3) 若要读取文件的所有行为列表，可以使用__________方法。

(4) 在执行文件操作时，'w+' 模式表示__________和__________。

(5) 异常处理的结构中，__________块是执行清理操作的地方，如关闭文件。

(6) 使用__________函数的 writer 对象可以将列表写入 CSV 文件。

(7) __________模块提供了处理文件路径、目录遍历的功能。

(8) 如果一个函数内部发生异常，但未被处理，则异常会被__________到调用该函数的地方。

(9) 在 Python 中，__________关键字用于主动抛出异常。

(10) with open('data.txt', 'r') as file 中的 file 是__________对象的别名。

三、编程题

(1) 编写一个函数，创建一个名为 greetings.txt 的文件，并向其中写入 "Hello, world!"。

(2) 读取给定 CSV 文件 data.csv 的内容，并打印每行数据。假设每行数据都是由逗号分隔的。

(3) 给定一个文件名和一个字符串列表，编写一个函数将这些字符串追加到文件的末尾，每个字符串占一行。

(4) 编写一个 Python 脚本，读取一个名为 test.txt 的文件内容，并将这些内容反转(行顺序反转)，写入到一个新文件 test_reversed.txt 中。

(5) 编写一个 Python 程序，处理一个日志文件 log.txt。要求程序能输出文件中“ERROR”这个词的数量。假设每个日志条目都在新的一行，且每条错误记录都包含“ERROR”这个词。

参考答案

一、选择题

(1) B

(2) B

(3) A

(4) A(file.write()方法允许准确地控制要写入文件的内容，包括是否包含换行符)

(5) C(在 Python 中，默认情况下，如果尝试打开一个不存在的文件，将会抛出一个 FileNotFoundError 异常。这通常发生在使用 open()函数尝试以读取模式(如 'r')打开文件时，而文件并不存在)

(6) B

(7) A

(8) C

(9) A(使用 with 语句打开文件的主要好处是在代码块执行完毕后，它可以自动关闭该文件。这不仅有利于资源管理，避免了文件资源的泄露，也使代码更加简洁和安全，因为不需要手动调用文件的 close()方法)

(10) C

(11) D

(12) D

(13) B(当尝试打开的文件不存在时，Python 将抛出 FileNotFoundError 异常。这是从 Python 3 开始引入的特定异常类型，专门用于处理文件找不到的情形)

(14) B

(15) D(在 Python 中，用于读写 CSV 文件的标准模块是 csv 模块。使用这个模块可以方便地读取 CSV 文件为列表或字典，也可以将列表或字典写入 CSV 文件)

二、填空题

(1) with　(2) PermissionError　(3) readlines()　(4) 写入和读取

(5) finally　(6) writerow 或 writerows　(7) os　(8) 传播或抛出

(9) raise　(10) 文件(File)

三、编程题

注意：这些编程题的参考代码是基于问题所给信息编写的。在实际应用中，可能需要根据具体情况(如文件路径、错误处理需求等)做出相应的调整。

(1) 参考代码如下：

```
def create_and_write():
    with open('greetings.txt', 'w') as file:
        file.write("Hello, world!")
create_and_write()
```

(2) 提示：要读取一个 CSV 文件并打印每行数据，可以采用 Python 的 csv 模块。csv.reader 用于创建一个读取器对象，该对象会处理文件中的每行数据。在调用 csv.reader 时传递文件对象，然后使用一个循环遍历读取器对象，这样可以逐行获取数据。

参考代码如下：

```
import csv
def print_csv(file_name):
    with open(file_name, newline='') as csvfile:
        reader = csv.reader(csvfile)
        for row in reader:
            print(', '.join(row))
print_csv('data.csv')
```

(3) 提示：使用 with 语句和 open 函数来打开文件。这里应该使用追加模式 'a'，这样数据会被添加到文件的末尾而不是覆盖已有内容。

参考代码如下：

```
def append_to_file(file_name, string_list):
    with open(file_name, 'a') as file:
        for string in string_list:
            file.write(string + '\n')
append_to_file('example.txt', ['Line 1', 'Line 2', 'Line 3'])
```

(4) 提示：调用 file 对象的 readlines()方法读取文件的全部内容并返回一个列表，再通过 reversed()函数来反转列表。这样，最初读取时文件中的第一行在输出文件中将会是最后一行。

参考代码如下：

```
def reverse_file_content(input_file, output_file):
    with open(input_file, 'r') as file:
        content = file.readlines()
    with open(output_file, 'w') as file:
        for line in reversed(content):
            file.write(line)
reverse_file_content('test.txt', 'test_reversed.txt')
```

(5) 提示：通过逐行读取文件来检查每一行是否含有“ERROR”这个词。如果某行包含“ERROR”，则计数器值增 1。

参考代码如下：

```
def count_errors(log_file):
    count = 0
    with open(log_file, 'r') as file:
        for line in file:
            if "ERROR" in line:
                count += 1
    return count
print(count_errors('log.txt'))
```

第 8 章 中文文本分析基础与相关库

习 题

一、填空题

(1) jieba 是用 Python 实现的中文分词组件。在 Windows 环境下，可执行__________命令自动安装 jieba，具体格式为______________________________。

(2) 在程序中使用 jieba 库的方法前需要先导入 jieba 库，具体格式为_______________。

(3) jieba 分词模式主要分为三种：______________、______________和_____________。

(4) jieba 库的 cut()方法和 lcut()方法的区别是______________________________。

(5) 在分词过程中如果碰到 jieba 分词词典中不存在的词语，可通过________函数在词典中临时添加新词，或者通过____________________方法自定义词典。

二、选择题

(1) 下列函数中可以用于文本分词的是(　　)。

A. jieba.load()　　B. jieba.cut()

C. jieba.tokenize()　　D. jieba.analyse()

(2) 使用 jieba 库进行分词时，以下参数中可以指定分词模式为全模式(即将文本中所有可能的词语都扫描出来)的是(　　)。

A. cut_all=True　　B. mode='full'　　C. all=True　　D. mode='all'

(3) 以下方法中可以用于获取某个词语在文本中的出现频次的是(　　)。

A. jieba.extract()　　B. jieba.frequency()

C. jieba.cut()　　D. jieba.lcut()

(4) 如果要使用 jieba 库进行关键词提取，应该使用的函数是(　　)。

A. jieba.extract_keywords()　　B. jieba.analyse.extract_tags()

C. jieba.keywords()　　D. jieba.analyse()

(5) 在jieba库中，用于添加自定义词典的方法是(　　)。

A. add_dict()　B. load_dict()　C. custom_dict()　D. add_file()

(6) 下列参数中用于指定jieba库分词时是否开启并行分词模式的是(　　)。

A. parallel=True　B. enable_parallel=True

C. parallel_mode=True　D. use_parallel=True

(7) 在jieba库中，用于获取词性标注结果的函数是(　　)。

A. jieba.tag()　B. jieba.posseg()

C. jieba.pos_tag()　D. jieba.tagging()

(8) 以下方法可以用于去除停用词的是(　　)。

A. jieba.remove_stopwords()　B. jieba.stopwords()

C. jieba.filter_stopwords()　D. jieba.analyse.set_stop_words()

(9) 如果想要获取某个词语在文本中的位置信息，应该使用的方法是(　　)。

A. jieba.position()　B. jieba.locate()

C. jieba.index()　D. jieba.tokenize()

(10) 在jieba库中，以下方法中用于计算文本的TF-IDF值的是(　　)。

A. jieba.tfidf()　B. jieba.extract_tags()

C. jieba.analyse.tfidf()　D. jieba.analyse.extract_tags()

(11) 下列方法中可以生成词云对象的是(　　)。

A. WordCloud.create()　B. WordCloud.generate()

C. WordCloud.render()　D. WordCloud.show()

(12) 使用WordCloud库生成词云时，以下参数中可以指定词云的宽度和高度的是(　　)。

A. size　B. width, height　C. dimensions　D. shape

(13) 在WordCloud中，以下参数中可以用于指定词云的背景颜色的是(　　)。

A. background_color　B. color

C. bg_color　D. fill_color

(14) 如果希望设置词云中词语的最大显示数量，应该使用的参数是(　　)。

A. max_words　B. words_limit　C. word_limit　D. max_display_words

(15) 以下方法中可以将生成的词云图保存为图片文件的是(　　)。

A. save()　B. export()　C. to_image()　D. save_image()

(16) NetworkX库中用于创建一个有向图的方法是(　　)。

A. 使用networkx.Graph()

B. 使用networkx.DiGraph()

C. 使用networkx.create_graph()并指定参数directed=True

D. 使用networkx.create()并指定参数directed=True

(17) 在NetworkX库中，以下方法可以用于计算图中节点的度分布的是(　　)。

A. degree_distribution()　B. node_degrees()

C. degrees()　D. degree()

(18) 如果想要获取一个节点的所有邻居节点，应该使用的方法是(　　)。

A. neighbors()　　　　B. adjacent_nodes()

C. connected_nodes()　　　　D. all_neighbors()

(19) 在 NetworkX 库中，以下方法可以用于计算两个节点之间的最短路径的是(　　)。

A. shortest_path()　　　　B. find_shortest_path()

C. compute_path()　　　　D. shortest_path_length()

(20) 如果想要移除一个图中的节点及其相关的边，应该使用的方法是(　　)。

A. remove_node()　　　　B. delete_node()

C. discard_node()　　　　D. drop_node()

(21) 在 NetworkX 中，可以用来添加多个节点到图中的函数是(　　)。

A. add_node()　　　　B. add_nodes_from()

C. add_edge()　　　　D. add_edges_from()

(22) 使用 NetworkX 创建无向图时，能够计算图中两个节点之间的最短路径长度的方法是(　　)。

A. 使用 shortest_path_length()　　　　B. 使用 dijkstra_path()

C. 使用 shortest_path()　　　　D. 使用 all_pairs_shortest_path()

(23) 在 NetworkX 中为图的节点设置属性的语句是(　　)。

A. set_node_attributes(G, 'name', 'value')

B. G.nodes[node]['attribute'] = value

C. G.node[node]['attribute'] = value

D. G.set_node(node, attribute='value')

(24) 能够将一个已经存在的图转换为一个有向图(DiGraph)的是(　　)。

A. 使用 networkx.Graph.to_digraph()

B. 使用 networkx.DiGraph(graph)

C. 使用 networkx.convert.to_directed(graph)

D. 使用 networkx.digraph(graph)

(25) 在 NetworkX 中，以下函数中用于计算图中所有节点的度中心性的是(　　)。

A. networkx.degree_centrality(G)

B. networkx.betweenness_centrality(G)

C. networkx.eigenvector_centrality(G)

D. networkx.closeness_centrality(G)

三、程序填空题

(1) 编写一个 Python 程序，使用 jieba 库进行分词，给定文本为“北风网是中国领先的汽车媒体之一”。要求在不改变 jieba 库默认词典的情况下，添加自定义词典来确保“北风网”被正确分词。

```
import jieba
________________________
```

```
text = "北风网是中国领先的汽车媒体之一"
____________________________
print("".join(words))
```

(2) 使用 jieba 库的 TF-IDF 模块，从给定的文本中提取前 5 个关键词。文本内容为“人工智能是未来的趋势，而机器学习是人工智能的核心”。

```
import jieba.analyse
text = "人工智能是未来的趋势，而机器学习是人工智能的核心"
____________________________
print("".join(keywords))
```

(3) 给定一段文本：“小明在上海交通大学读书，他对人工智能和自然语言处理非常感兴趣。”请使用 jieba 库中的命名实体识别功能，提取出文本中的地名和组织名。

```
import jieba.posseg as pseg
text = "小明在上海交通大学读书，他对人工智能和自然语言处理非常感兴趣"
entities = []
words = pseg.cut(text)
____________________________
____________________________
____________________________
print(entities)
```

(4) 给定一段文本：“今天天气很好，阳光明媚，适合出去郊游。”请使用 jieba 库提取出文本中的关键短语。

【样例输出】

```
['今天天气', '阳光明媚', '适合出去', '郊游']
```

```
import jieba
text = "今天天气很好，阳光明媚，适合出去郊游"
phrases = jieba.cut(text)
____________________________
```

(5) 给定一段文本：“小明毕业于北京大学计算机系。”请使用 jieba 库中的词性标注功能，输出文本中每个词语的词性。

【样例输出】

```
小明/nr  毕业/v  于/p  北京大学/nt  计算机/n  系/n
```

```
import jieba.posseg as pseg
text = "小明毕业于北京大学计算机系"
____________________________
____________________________
____________________________
```

(6) 给定一段文本：“Python 是一种编程语言，它简洁、易读、功能强大。”使用 WordCloud 库生成一个简单的词云。

```
from wordcloud import WordCloud
import matplotlib.pyplot as plt
text = "Python 是一种编程语言，它简洁、易读、功能强大。"
____________________________________________
plt.imshow(wordcloud, interpolation='bilinear')
plt.axis("off")
plt.show()
```

(7) 使用给定文本：“数据分析是对数据进行分析，以提取有用信息和结论。”生成一个背景颜色为蓝色的词云。

```
from wordcloud import WordCloud
import matplotlib.pyplot as plt
text = "数据分析是对数据进行分析，以提取有用信息和结论。"
__________________________________________________
plt.imshow(wordcloud, interpolation='bilinear')
plt.axis("off")
plt.show()
```

四、编程题

(1) 给定一段文本：“小明和小红在公园里玩耍。小明非常喜欢公园里的大树和花草。”试使用 jieba 库进行分词，并提取出现频率最高的 3 个词。

(2) 给定一段文本：“AI 科技大本营聚焦最新的人工智能技术。”由于“AI 科技大本营”是一个专有名词，需要 jieba 库在分词前添加字典，确保它被正确分词。

(3) 给定一段文本：“上海交通大学是一所位于中国上海的顶尖大学，而清华大学则位于北京。”试使用 jieba 库中的命名实体识别功能，识别出文本中的地名和组织名，并统计它们出现的次数。

(4) 给定一段文本：“这本新书的销量非常惊人，作者的叙述方式独到，内容丰富，深受读者喜爱。”试使用 jieba 库的 TF-IDF 模块提取出文本中的前 5 个关键词。

(5) 给定一段文本：“机器学习使计算机可以从数据中学习。”生成一个词云，要求词云形状为圆形。

(6) 有一个小型的社交网络数据，其中包含以下边关系：“Alice-Bob”“Bob-Carol”“Alice-Carol”“Carol-David”“David-Eve”。试解决如下问题：

① 使用 NetworkX 创建关系图，并使用 Matplotlib 进行可视化。

② 使用同样的图数据：“Alice-Bob”“Bob-Carol”“Alice-Carol”“Carol-David”“David-Eve”。创建关系图，计算并打印每个节点的度数。

③ 给定同样的图：“Alice-Bob”“Bob-Carol”“Alice-Carol”“Carol-David”“David-Eve”。创建关系图，并找出从“Alice”到“Eve”的所有简单路径。

(7) 给定一个加权图的边和权重：“A-B-1”“B-C-2”“C-D-5”“D-E-1”“E-A-4”。创建关系图，并计算从节点“A”到节点“D”的最短路径及其长度。

参考答案

一、填空题

(1) pip　pip install jieba

(2) import　jieba

(3) 精确模式　全模式　搜索引擎模式

(4) 返回值的类型不同

(5) jieba.add_word()　jieba.load_userdict(fileName)

二、选择题

(1) B(在 Python 中，jieba.cut()函数用于中文分词，它接收一个字符串作为输入，并返回一个生成器对象，这个生成器对象能够逐个产生分词后的结果)

(2) A(jieba.cut()方法接收三个输入参数，cut_all 用来控制是否采用全模式，cut_all=True 为全模式，cut_all=false 为精确模式(默认))

(3) D(使用 jieba 库的 lcut 方法对文本进行分词处理，可以得到一个词语列表。遍历这个词语列表，可以统计出特定词语的出现次数)

(4) B(jieba.analyse.extract_tags()函数的功能是基于 TF-IDF 算法提取文章的关键词)

(5) B

(6) B

(7) B(jieba.posseg()是 Python 中的一个分词工具，它可以将文本切割成词语，并且为每个词语标注词性)

(8) D(jieba.analyse.set_stop_words 用于加载停用词表，将停用词从分词结果中过滤掉)

(9) D(jieba.tokenize()用于返回一个包含三个元素的元组(word, start, end)。其中，word 是分词结果中的一个词，start 和 end 分别是该词在原始句子中的起始和结束位置)

(10) C

(11) B(WordCloud.generate()函数的作用是将传入的文本数据按照词频进行分析，并生成一个可视化的词云图。在使用该函数之前，需要先创建一个 WordCloud 对象，然后将需要分析的文本数据传递给 WordCloud 对象，并调用其 generate()函数即可生成词云图)

(12) B

(13) A

(14) A

(15) D

(16) B(NetworkX 提供了 DiGraph()类来支持有向图。有向图具有有向边，这意味着边(u, v)与边(v, u)不同，可以执行特定于有向图的各种操作，例如计算节点的入度和出度)

(17) D(degree()函数可以用来统计图中每个节点的度。具体来说，G.degree(node)会返回指定节点 node 的度，而 G.degree()则会返回图中所有节点的度的一个字典，其中键是节点，值是节点的度)

(18) A

(19) A(shortest_path()函数可以计算无向图和有向图中的最短路径，并且支持带权图，其中边的权重可以自定义。在无负权边的情况下，可以使用 Dijkstra 算法；在有负权边的情况下，则使用 Bellman-Ford 算法)

(20) A

(21) B(NetworkX 支持从可迭代容器(如列表)中一次性添加多个节点。例如，可以使用 G.add_nodes_from([node1, node2, …])来一次性添加多个节点到图中)

(22) A

(23) B

(24) C

(25) A(对于无向图，networkx.degree_centrality()计算的是每个节点的度数与图中所有节点最大可能度数的比例，从而得到每个节点的度的中心性)

三、程序填空题

(1)
```
jieba.add_word('北风网')
words = jieba.cut(text)
```

(2)
```
keywords = jieba.analyse.extract_tags(text, topK=5)
```

(3)
```
for word, flag in words:
    if flag == 'ns' or flag == 'nt':
        entities.append(word)
```

(4)
```
print([phrase for phrase in phrases])
```

(5)
```
words = pseg.cut(text)
for word, flag in words:
    print(f"{word}/{flag}", end="")
```

(6)
```
wordcloud = WordCloud(font_path='simsun.ttf').generate(text)
```

(7)
```
wordcloud=WordCloud(font_path='simsun.ttf',background_color="blue").generate(text)
```

四、编程题

(1) 提示：本题主要考查 jieba.cut()函数的使用，该函数的主要作用是将输入的中文文本切分成一个个单独的词语，也就是进行中文分词。

参考代码如下：

```
import jieba
from collections import Counter
text = "小明和小红在公园里玩耍。小明非常喜欢公园里的大树和花草。"
words = jieba.cut(text)
word_counts = Counter(words)
most_common_words = [word for word, _ in word_counts.most_common(3)]
print("".join(most_common_words))
```

(2) 提示：本题主要考查 jieba.add_word(word, freq=None, tag=None)函数的使用，该方法有三个参数：需要添加的词 word、词频 freq、词性 tag。其中，词频和词性可省略。

参考代码如下：

```
import jieba

#添加自定义词典
jieba.add_word("AI 科技大本营")
text = "AI 科技大本营聚焦最新的人工智能技术。"
words = jieba.cut(text)
print("".join(words))
```

(3) 参考代码如下：

```
import jieba.posseg as pseg
text = "上海交通大学是一所位于中国上海的顶尖大学，而清华大学则位于北京"
entities = {"地名": set(), "组织名": set()}
words = pseg.cut(text)
for word, flag in words:
    if flag == 'ns':
        entities["地名"].add(word)
    elif flag == 'nt':
        entities["组织名"].add(word)

#统计出现次数
for entity_type, entity_set in entities.items():
    print(f"{entity_type}：{'、'.join(entity_set)}")
```

(4) 提示：本题主要考查 jieba.analyse.extract_tags()函数的使用方法，该函数是一个用于从文本中提取关键词的 Python 函数，它属于 jieba 中文文本处理库，主要用于文本分析、数据挖掘、自然语言处理等领域。这个函数通过 TF-IDF 算法计算每个词语的重要性，并返回排名最高的关键词列表。

参考代码如下：

```
import jieba.analyse

text = "这本新书的销量非常惊人，作者的叙述方式独到，内容丰富，深受读者喜爱。"
keywords = jieba.analyse.extract_tags(text, topK=5)
print("".join(keywords))
```

(5) 参考代码如下：

```
from wordcloud import WordCloud
import matplotlib.pyplot as plt
from PIL import Image
import numpy as np

text = "机器学习使计算机可以从数据中学习。"
mask = np.array(Image.open("circle_mask.png"))
```

```
wordcloud = WordCloud(font_path='simsun.ttf', mask=mask).generate(text)

plt.imshow(wordcloud, interpolation='bilinear')
plt.axis("off")
plt.show()
```

(6) 提示：本题主要考查 networkx 库和 matplotlib 库的使用，包括图的创建、绘制、节点度的计算以及节点间路径的搜索。

① 参考代码如下：

```
import networkx as nx
import matplotlib.pyplot as plt

#创建图
G = nx.Graph()
edges = ["Alice-Bob", "Bob-Carol", "Alice-Carol", "Carol-David", "David-Eve"]
for edge in edges:
    G.add_edge(*edge.split('-'))

#绘制图
nx.draw(G, with_labels=True, node_color='lightblue', edge_color='gray')
plt.show()
```

② 参考代码如下：

```
import networkx as nx

#创建图
G = nx.Graph()
edges = ["Alice-Bob", "Bob-Carol", "Alice-Carol", "Carol-David", "David-Eve"]
for edge in edges:
    G.add_edge(*edge.split('-'))

#计算并打印度数
for node in G.nodes:
print(f"{node}: {G.degree[node]}")
```

③ 参考代码如下：

```
import networkx as nx

#创建图
G = nx.Graph()
edges = ["Alice-Bob", "Bob-Carol", "Alice-Carol", "Carol-David", "David-Eve"]
for edge in edges:
```

```
        G.add_edge(*edge.split('-'))

    #找到所有简单路径
    all_paths = list(nx.all_simple_paths(G, source='Alice', target='Eve'))
    for path in all_paths:
    print(' -> '.join(path))
```

(7) 参考代码如下：

```
    import networkx as nx

    #创建加权图
    G = nx.Graph()
    edges = ["A-B-1", "B-C-2", "C-D-5", "D-E-1", "E-A-4"]
    for edge in edges:
        u, v, weight = edge.split('-')
        G.add_edge(u, v, weight=int(weight))

    #计算最短路径和路径长度
    path = nx.shortest_path(G, source='A', target='D', weight='weight')
    length = nx.shortest_path_length(G, source='A', target='D', weight='weight')
    print("最短路径: " + " ->".join(path))
    print("路径长度: " + str(length))
```

第9章　数 据 处 理

习　题

一、填空题

(1) 开展基本的科学计算一般分为两个步骤：__________和________________。

(2) NumPy 库是一个第三方库，安装好以后，通常通过以下方式进行引用：____。

(3) NumPy 是 Python 中用于__________的核心库。

(4) NumPy 最重要的一个特点就是其 N 维数组对象_________，该对象是一个快速而灵活的大数据集容器。

(5) NumPy 提供了与多项式计算相关的函数。例如，___________函数可以用来创建多项式；___________函数可以计算多项式在自变量取某个值时的函数值；______________

函数可以求多项式的导数；__________函数可以求多项式的积分；__________函数可以进行多项式拟合。

(6) Matplotlib 是非常重要的绘制图形库，可以很方便地进行数据的展示，为了简化图形的绘制，Matplotlib 提供了两个便捷的绘图子模块：一是________；二是__________。两者在使用方法上非常类似。

(7) Pyplot 模块中提供了很多绘制不同种类图形的函数。例如，_________函数可以绘制箱形图；_________函数可以绘制条形图；_________函数可以绘制直方图；___________函数可以绘制散点图；_________函数可以绘制饼图；_________函数可以绘制极坐标图。

(8) Series 是一种类似于_________的对象，它由一组数据(各种 NumPy 数据类型)以及一组与之相关的数据标签(即索引)组成。

(9) 在 Pandas 中，使用______属性可以通过位置进行行和列的选择，而使用______属性可以通过标签进行行和列的选择。

(10) 由于 Series 对象的索引和值有着一一对应的关系，而且索引和值经常一起出现，而这个特点和字典非常像，所以在创建 Series 对象时，经常利用_______来创建 Series 对象，但是要清楚地知道，字典是_______(无序/有序)的。而 Series 对象是________(无序/有序)的。

(11) 在 Pandas 中，DataFrame 是一个二维的、大小可变的、具有______数据结构，可以容纳具有______索引和______列标签的数据。

二、选择题

(1) 对于给定的 NumPy 数组 arr，以下选项中正确地将 arr 中的所有元素转换为整数类型的是(　　)。

A. arr = arr.astype(int)　　B. arr = np.int(arr)

C. arr = np.convert(arr, int)　　D. arr = arr.convert_to(int)

(2) 给定一个形状为(3, 3)的二维 NumPy 数组 arr，以下选项中正确地获取 arr 中第二行的所有元素的是(　　)。

A. arr[2, :]　　B. arr[:, 2]　　C. arr[1, :]　　D. arr[:, 1]

(3) 给定一个形状为(3, 4)的二维 NumPy 数组 arr，以下选项中正确地计算 arr 中每列的平均值的是(　　)。

A. np.mean(arr, axis=1)　　B. np.mean(arr, axis=0)

C. arr.mean(axis=1)　　D. arr.mean(axis=0)

(4) 给定一个形状为(7, 7)的二维 NumPy 数组 arr，以下选项中正确地获取 arr 中所有非零元素的索引的是(　　)。

A. arr.nonzero()　　B. np.where(arr != 0)

C. arr.where(arr != 0)　　D. np.nonzero(arr)

(5) 给定一个形状为(4, 4)的二维 NumPy 数组 arr，以下选项中正确地将 arr 中的每个元素与其上、下、左、右四个相邻元素的平均值进行比较，并将大于相邻平均值的元素替换为 1，小于等于相邻平均值的元素替换为 0 的是(　　)。

A. np.where(arr > arr.mean(axis=1), 1, 0)

B. np.where(arr > arr.mean(axis=0), 1, 0)

C. np.where(arr > np.mean(arr), 1, 0)

D. np.where(arr > np.mean(arr, axis=None), 1, 0)

(6) 下面选项中能够正确绘制一条包含 100 个随机数的折线图的是(　　)。

A. plt.plot(np.random.randn(100))

B. plt.scatter(range(100), np.random.rand(100))

C. plt.bar(range(100), np.random.rand(100))

D. plt.hist(np.random.randn(100))

(7) 下面选项中能够正确绘制一个包含 100 个随机数的散点图的是(　　)。

A. plt.scatter(np.random.rand(100), np.random.rand(100))

B. plt.plot(np.random.randn(100), np.random.randn(100), 'o')

C. plt.bar(range(100), np.random.rand(100))

D. plt.hist(np.random.randn(100))

(8) 下面选项中能够正确绘制一个条形图并添加标签和标题的是(　　)。

A.
```
x = np.arange(5)
y = np.random.rand(5)
plt.bar(x, y)
```

B.
```
x = np.arange(5)
y = np.random.rand(5)
plt.plot(x, y, kind='bar')
```

C.
```
x = np.arange(5)
y = np.random.rand(5)
plt.barh(x, y)
```

D.
```
x = np.arange(5)
y = np.random.rand(5)
plt.scatter(x, y)
```

(9) 下面选项中能够正确绘制一个饼图的是(　　)。

A.
```
labels = ['A', 'B', 'C', 'D']
sizes = [15, 30, 45, 10]
plt.pie(sizes, labels=labels, autopct='%1.1f%%')
```

B.
```
x = np.linspace(0, 2*np.pi, 100)
y = np.sin(x)
plt.plot(x, y)
```

C.
```
x = np.linspace(0, 2*np.pi, 100)
y = np.sin(x)
plt.fill(x, y, 'r')
```

D. x = np.linspace(0, 2*np.pi, 100)
   y = np.sin(x)
   plt.scatter(x, y)

(10) 下列操作中能够正确导入Pandas库并将一个CSV文件加载到DataFrame中的是(　　)。

A. import pandas as pd
   df = pd.load_csv('data.csv')

B. import pandas as pd
   df = pd.read_csv('data.csv')

C. import pandas as pd
   df = pd.read('data.csv')

D. import pandas as pd
   df = pd.read('data.xlsx')

(11) 假设存在一个名为df的DataFrame，下面选项中能够正确删除其中名为column_name的列的是(　　)。

A. df.drop(columns='column_name')

B. df.remove_column('column_name')

C. df.remove('column_name', axis=1)

D. df.drop('column_name', axis=0)

(12) 下列操作中能够正确将DataFrame中的缺失值(NaN)替换为特定值(如0)的是(　　)。

A. df.fillna(0)　　B. df.replace(np.nan, 0)

C. df.fill_missing(0)　　D. df.remove_nan(0)

(13) 下列选项中能够正确将一个Series或DataFrame中的日期时间列转换为特定格式的字符串的是(　　)。

A. df['date_column'].format('%Y-%m-%d')

B. df['date_column'].to_datetime('%Y-%m-%d')

C. df['date_column'].strftime('%Y-%m-%d')

D. pd.to_datetime(df['date_column']).strftime('%Y-%m-%d')

(14) 下列选项中能够正确地将一个DataFrame中的字符串列拆分为多个列的是(　　)。

A. df['string_column'].split()

B. df['string_column'].str.split()

C. df['string_column'].split(expand=True)

D. df['string_column'].str.split(expand=True)

(15) 下列选项中能够正确地将一个DataFrame中的数据根据特定的条件进行过滤的是(　　)。

A. df.filter(condition)　　B. df[condition]

C. df.select(condition)　　D. df.where(condition)

三、程序填空题

(1) 编写一个程序，接收一个一维NumPy数组作为输入，并计算输出数组中所有元素的总和。

```
import numpy as np
def array_sum(arr):
    ____________________________
arr = np.array([1, 2, 3, 4, 5])
print(array_sum(arr))
```

(2) 编写一个程序，接收一个一维NumPy数组作为输入，并对其进行升序或降序排序。

```
import numpy as np
def array_sort(arr, ascending=True):
    return np.sort(arr) if ascending else np.sort(arr)[::-1]
arr = np.array([3, 1, 4, 1, 5, 9, 2])
____________________________ #升序
____________________________ #降序
```

(3) 查找数组中的最大值和最小值索引。编写一个程序，接收一个一维NumPy数组作为输入，并返回数组中最大值和最小值的索引。

```
import numpy as np
def find_extreme_indices(arr):
    ____________________________
    ____________________________
    return max_index, min_index
arr = np.array([3, 1, 4, 1, 5, 9, 2])
max_index, min_index = find_extreme_indices(arr)
print("Max value index:", max_index)
print("Min value index:", min_index)
```

(4) 计算矩阵行列式：编写一个程序，接收一个二维NumPy数组作为输入，并计算其行列式。

```
import numpy as np
def matrix_determinant(matrix):
    ____________________________

matrix = np.array([[1, 2], [3, 4]])
print(matrix_determinant(matrix))
```

(5) 矩阵转置。编写一个程序，接收一个二维NumPy数组作为输入，并返回其转置矩阵。

```
import numpy as np

def matrix_transpose(matrix):
    ____________________________
matrix = np.array([[1, 2], [3, 4]])
print(matrix_transpose(matrix))
```

四、编程题

(1) 接收一个 NumPy 数组 arr，使用本章节所学知识完成下述任务。

① 编写一个函数 calculate_mean(arr)，计算并返回该数组的均值。

② 编写一个函数 find_max(arr)，找到并返回该数组中的最大值以及其对应的索引。

③ 编写一个函数 flatten_array(arr)，将其展平成一维数组并返回。

④ 编写一个函数 calculate_variance(arr)计算并返回该数组的方差。

(2) 假设你是一家超市的经理，你有两个仓库，每个仓库存储了不同种类的商品。现在你想要知道两个仓库中每种商品的总库存量。编写一个函数 calculate_total_inventory(inventory1, inventory2)，接收两个字典类型的参数 inventory1 和 inventory2，分别用来表示两个仓库的库存情况，其中键是商品名称，值是库存量。函数应该返回一个字典，其中键是商品名称，值是两个仓库中该商品的总库存量。注意，如果某种商品在一个仓库中存在，但在另一个仓库中不存在，则总库存量应该等于该商品在第一个仓库中的库存量；如果某种商品在一个仓库中不存在，但在另一个仓库中存在，则该商品总库存量应等于它在第二个仓库中的库存量。

(3) 编写一个函数 plot_bar_chart(categories, values)，接收两个参数 categories 和 values，分别表示条形图的类别和对应的值。利用该函数绘制一个条形图，以显示不同类别的值。

(4) 有一个多项式函数 $f(x) = 3x^3 + 2x^2 - 5x + 1$，以及一个一维的 NumPy 数组 x_values，试编写一个函数 evaluate_polynomial(coefficients, x_values)，接收两个参数：coefficients 是一个 NumPy 数组，表示多项式的系数，例如[3, 2, −5, 1]表示多项式的系数分别为 3、2、−5 和 1；x_values 是一个一维的 NumPy 数组，表示要对多项式进行求值的 x 值。函数应该返回一个一维的 NumPy 数组，表示对多项式在 x_values 中每个点的求值结果。

(5) 你是一家餐厅的经理，你有一份销售数据记录，记录了每位顾客点的菜品和对应的价格。你想要统计每种菜品的销售量和总销售额。编写一个函数 calculate_sales(data)，接收一个 Pandas DataFrame data，其中包含两列：dish 表示菜品名称，price 表示菜品价格。函数应该返回一个新的 DataFrame，也包含两列：dish 表示菜品名称，total_sales 表示该菜品的销售总额。

【样例输入】

dish	price
salad	10
chicken	20
steak	30

参考答案

一、填空题

(1) 数据准备　数据分析

(2) import numpy as np

(3) 数组操作

(4) ndarray

(5) np. poly1d np.polyval np.polyder np.polyint np.polyfit

(6) pyplot pylab

(7) boxplot() bar() hist() scatter() pie() polar()

(8) 一维数组

(9) iloc[] loc[]

(10) 字典 无序 有序

(11) 表格型 不同类型 不同类型

二、选择题

(1) A(astype()函数是 NumPy 库中的一个函数，用于转换数组的数据类型。它可以将一个数据结构或对象转换成指定的数据类型)

(2) C(arr[]数组的下标是从 0 开始的)

(3) D

(4) D(nonzero()函数在 Python 中，特别是在使用 NumPy 库时，是一个非常有用的函数。它用于返回输入数组中所有非零元素的索引。这个函数对于处理数组和矩阵时，寻找非零元素的位置特别有帮助)

(5) C

(6) A

(7) A(Matplotlib 库中，Pyplot 模块提供了很多绘制不同种类图形的函数，比如 scatter()可绘制散点图，bar()可绘制条形图，pie()可绘制饼图)

(8) A

(9) A

(10) B

(11) A(df.drop()函数主要用于删除 DataFrame 中的行或列，通过指定要删除的标签、索引或列名，并选择是否在原始数据上进行修改，可以实现灵活的数据处理)

(12) A(df.fillna(value)是 Pandas 库中的一个函数，用于填充 DataFrame 中的缺失值。在这个特定的例子中，0 被用作 value 参数的值，意味着所有缺失的值都将被替换为数字 0)

(13) D

(14) D

(15) B(在 Pandas 库中，df[condition]这种用法通常用于根据条件(condition)来选择 DataFrame df 中的行。这里的 condition 是一个布尔(Boolean)索引器，它必须是一个与 df 的行数相同长度的布尔序列(True 或 False)。当 condition 中的值为 True 时，对应的行会被选中；当值为 False 时，对应的行则不会被选中)

三、程序填空题

(1) return np.sum(arr)

(2) print(array_sort(arr))
print(array_sort(arr, ascending=False))

(3) max_index = np.argmax(arr)
    min_index = np.argmin(arr)
(4) return np.linalg.det(matrix)
(5) return np.transpose(matrix)

四、编程题

(1) 提示：本题主要考查 NumPy 库中，mean()、max()、flatten()以及 var()函数的使用。

① 参考代码如下：

```
import numpy as np
    def calculate_mean(arr):
        return np.mean(arr)
```

② 参考代码如下：

```
import numpy as np
    def find_max(arr):
        max_value = np.max(arr)
        max_index = np.argmax(arr)
         return max_value, max_index
```

③ 参考代码如下：

```
import numpy as np
def flatten_array(arr):
    return arr.flatten()
```

④ 参考代码如下：

```
import numpy as np
def calculate_variance(arr):
    return np.var(arr)
```

(2) 参考代码如下：

```
def calculate_total_inventory(inventory1, inventory2):
    total_inventory = {}

    #合并两个仓库的库存信息
    for item, quantity in inventory1.items():
        total_inventory[item] = total_inventory.get(item, 0) + quantity
        for item, quantity in inventory2.items():
            total_inventory[item] = total_inventory.get(item, 0) + quantity

    return total_inventory
```

(3) 提示：本题主要考查在 Pyplot 模块中如何绘制一个完整的条形图，包括图形、横纵坐标以及图名。

参考代码如下：

```
import matplotlib.pyplot as plt
```

```
def plot_bar_chart(categories, values):
    plt.bar(categories, values)
    plt.xlabel('Category')
    plt.ylabel('Value')
    plt.title('Bar Chart')
plt.show()
```

(4) 提示：本题主要考查如何使用 numpy.poly1d()创建一个多项式对象，其中多项式的系数作为参数传入。numpy.poly1d()是一个用于表示一维多项式的类。这个类提供了一系列的方法和属性，可对多项式进行各种操作，如求值、求导、积分等。

参考代码如下：

```
import numpy as np


def evaluate_polynomial(coefficients, x_values):
    #使用 numpy.poly1d() 函数构造多项式对象
    polynomial = np.poly1d(coefficients)
    #对多项式对象在 x_values 上进行求值
    return polynomial(x_values)
```

(5) 参考代码如下：

```
import pandas as pd


#输入销售数据
data = {
        'dish': ['salad', 'chicken', 'steak', 'salad', 'steak', 'chicken'],
        'price': [10, 20, 30, 10, 30, 20]
    }
sales_df = pd.DataFrame(data)


#计算销售总额
def calculate_sales(data):
    #根据菜品名称分组，计算每种菜品的销售总额
    sales_data = data.groupby('dish')['price'].sum().reset_index()
    #按销售总额降序排序
    sales_data = sales_data.sort_values(by='price', ascending=False)
    #重置索引
    sales_data.reset_index(drop=True, inplace=True)
    return sales_data
#输出结果
sales_result = calculate_sales(sales_df)
print(sales_result)
```

第三部分

计算机等级考试二级 Python 模拟试题

模拟试题(一)

一、选择题

1. 关于数据的存储结构，以下选项中描述正确的是(　　)。
A. 数据所占的存储空间量
B. 数据在计算机中的顺序存储方式
C. 数据的逻辑结构在计算机中的表示
D. 存储在外存中的数据
2. 关于线性链表，以下选项中描述正确的是(　　)。
A. 存储空间不一定连续，且前件元素一定存储在后件元素的前面
B. 存储空间必须连续，且前件元素一定存储在后件元素的前面
C. 存储空间必须连续，且各元素的存储顺序是任意的
D. 存储空间不一定连续，且各元素的存储顺序是任意的
3. 在深度为 7 的满二叉树中，叶子节点的总个数是(　　)。
A. 31　　B. 64　　C. 63　　D. 32
4. 关于结构化程序设计所要求的基本结构，以下选项中描述错误的是(　　)。
A. 重复(循环)结构　　B. 选择(分支)结构
C. goto 跳转　　D. 顺序结构
5. 关于面向对象的继承，以下选项中描述正确的是(　　)。
A. 继承是指一组对象所具有的相似性质
B. 继承是指类之间共享属性和操作的机制
C. 继承是指各对象之间的共同性质
D. 继承是指一个对象具有另一个对象的性质
6. 关于软件危机，以下选项中描述错误的是(　　)。
A. 软件成本不断提高　　B. 软件质量难以控制
C. 软件过程不规范　　D. 软件开发生产率低
7. 关于软件测试，以下选项中描述正确的是(　　)。
A. 软件测试的主要目的是确定程序中错误的位置

B. 为了提高软件测试的效率，最好由程序编制者自己来完成软件的测试工作

C. 软件测试是证明软件没有错误

D. 软件测试的主要目的是发现程序中的错误

8. 以下选项中用树形结构表示实体之间联系的模型是(　　)。

A. 网状模型　　B. 层次模型　　C. 静态模型　　D. 关系模型

9. 设有表示学生选课的三张表，学生 S(学号，姓名，性别，年龄，身份证号)，课程(课号，课程名)，选课 SC(学号，课号，成绩)，表 SC 的关键字(键或码)是(　　)。

A. 学号，成绩　　B. 学号，课号

C. 学号，姓名，成绩　　D. 课号，成绩

10. Python 中用于定义一个函数的关键字是(　　)。

A. define　　B. function　　C. def　　D. func

11. 关于 Python 程序格式框架的描述，以下选项中错误的是(　　)。

A. Python 语言的缩进可以采用 Tab 键实现

B. Python 单层缩进代码属于之前最邻近的一行非缩进代码，多层缩进代码根据缩进关系决定所属范围

C. 判断、循环、函数等语法形式能够通过缩进包含一批 Python 代码，进而表达对应的语义

D. Python 语言不采用严格的缩进来表明程序的格式框架

12. 以下选项中不符合 Python 语言变量命名规则的是(　　)。

A. I　　B. 3_1　　C. _AI　　D. TempStr

13. 关于 Python 字符串的描述，以下选项中错误的是(　　)。

A. 字符串是字符的序列，可以按照单个字符或者字符片段进行索引

B. 字符串包括两种序号体系：正向递增和反向递减

C. Python 字符串提供区间访问方式，采用[N:M]格式，表示字符串中从 N 到 M 的索引子字符串(包含 N 和 M)

D. 字符串是用一对双引号" "或者单引号' '括起来的 0 个或者多个字符

14. 关于 Python 语言的注释，以下选项中描述错误的是(　　)。

A. Python 语言的单行注释以#开头

B. Python 语言的单行注释以单引号 ' 开头

C. Python 语言的多行注释以'''(三个单引号)开头和结尾

D. Python 语言有两种注释方式：单行注释和多行注释

15. 关于 import 引用，以下选项中描述错误的是(　　)。

A. 使用 import turtle 引入 turtle 库

B. 可以使用 from turtle import setup 引入 turtle 库

C. 使用 import turtle as t 引入 turtle 库，取别名为 t

D. import 保留字用于导入模块或者模块中的对象

16. 下面代码的输出结果是(　　)。

```
x = 36
print(type(x))
```

A. <class 'int'>　　B. <class 'float'>

C. <class 'bool'>　　D. <class 'complex'>

17. 关于 Python 的复数类型，以下选项中描述错误的是(　　)。

A. 复数的虚数部分通过后缀“J”或者“j”来表示

B. 对于复数 z，可以用 z.real 获得它的实数部分

C. 对于复数 z，可以用 z.imag 获得它的实数部分

D. 复数类型表示数学中的复数

18. 关于 Python 字符串，以下选项中描述错误的是(　　)。

A. 可以使用 datatype()测试字符串的类型

B. 输出带有引号的字符串，可以使用转义字符

C. 字符串是一个字符序列，字符串中的编号叫“索引”

D. 字符串可以保存在变量中，也可以单独存在

19. 关于 Python 的分支结构，以下选项中描述错误的是(　　)。

A. 分支结构使用 if 保留字

B. Python 中 if…else 语句用来形成二分支结构

C. Python 中 if…elif…else 语句描述多分支结构

D. 分支结构可以向已经执行过的语句部分跳转

20. 关于程序的异常处理，以下选项中描述错误的是(　　)。

A. 程序异常的发生经过妥善处理可以继续执行

B. 异常语句可以与 else 和 finally 保留字配合使用

C. 编程语言中的异常和错误是完全相同的概念

D. Python 通过 try、except 等保留字提供异常处理功能

21. 关于函数，以下选项中描述错误的是(　　)。

A. 函数能完成特定的功能，使用函数不需要了解函数内部的实现原理，只要了解函数的输入输出方式即可。

B. 使用函数的主要目的是降低编程难度和代码重用

C. Python 使用 del 保留字定义一个函数

D. 函数是一段具有特定功能的、可重用的语句组

22. 关于 Python 组合数据类型，以下选项中描述错误的是(　　)。

A. 组合数据类型可以分为 3 类：序列类型、集合类型和映射类型

B. 序列类型是二维元素向量，元素之间存在先后关系，通过序号访问

C. Python 的 str、tuple 和 list 类型都属于序列类型

D. Python 的组合数据类型能够将多个同类型或不同类型的数据组织起来，通过单一的表示使数据操作更有序、更容易

23. 关于 Python 序列类型的通用操作符和函数，以下选项中描述错误的是(　　)。

A. 如果 x 不是 s 的元素，x not in s 返回 True

B. 如果 s 是一个序列，s = [1, "kate",True]，s[3]返回 True

C. 如果 s 是一个序列，s = [1, "kate",True]，s[-1]返回 True

D. 如果 x 是 s 的元素，x in s 返回 True

24. 关于 Python 对文件的处理，以下选项中描述错误的是(　　)。

A. Python 通过解释器内置的 open()函数打开一个文件

B. 当文件以文本方式打开时，读写按照字节流方式

C. 文件使用结束后要用 close()方法关闭，释放文件的使用授权

D. Python 能够以文本和二进制两种方式处理文件

25. 以下选项中不是 Python 对文件的写操作方法的是(　　)。

A. writelines　　B. write 和 seek　　C. writetext　　D. write

26. 关于不同数据结构的使用和特点，以下选项中描述错误的是(　　)。

A. 列表(list)是一种可变的序列，可以包含不同类型的数据，并且支持增加、删除和其他列表操作

B. 元组(tuple)是不可变的序列，通常用于保护数据不被更改，并可作为字典(dict)的键

C. 字典(dict)存储键值时，其中键不能重复，而值可以包含其他字典或列表的任意 Python 对象

D. 集合(set)是一个有序集合，用来存储无重复的元素，常用于删除重复项和集合间运算

27. 以下选项中不是 Python 语言的保留字的是(　　)。

A. finally　　B. avg　　C. class　　D. import

28. 以下选项中是 Python 中文分词的第三方库的是(　　)。

A. Jieba　　B. Itchat　　C. Time　　D. Turtle

29. 以下选项中使 Python 脚本程序转变为可执行程序的第三方库的是(　　)。

A. Pygame　　B. PyQt5　　C. PyInstaller　　D. Random

30. 以下选项中不是 Python 数据分析的第三方库的是(　　)。

A. Numpy　　B. Scipy　　C. Pandas　　D. Requests

31. 下面代码的输出结果是(　　)。

```
x = 0o1010print(x)
```

A. 520　　B. 1024　　C. 32 768　　D. 10

32. 下面代码的输出结果是(　　)。

```
x=10
y=3
print(divmod(x,y))
```

A. (1, 3)　　B. 3, 1　　C. 1, 3　　D. (3, 1)

33. 下面代码的输出结果是(　　)。

```
for s in "HelloWorld":
    if s=="W":
        continue
    print(s,end="")
```

A. Hello　　B. World　　C. HelloWorld　　D. Helloorld

34. 给出如下代码：

```
DictColor = {"seashell":"海贝色","gold":"金色","pink":"粉红色","brown":"棕色", "purple": "紫色",
"tomato":"西红柿色"}
```

以下选项中能输出“海贝色”的是(　　)。

A. print(DictColor.keys())　　B. print(DictColor["海贝色"])

C. print(DictColor.values())　　D. print(DictColor["seashell"])

35. 下面代码的输出结果是(　　)。

```
s =["seashell", "gold", "pink", "brown", "purple", "tomato"]
print(s[1:4:2])
```

A. ['gold', 'pink', 'brown']

B. ['gold', 'pink']

C. ['gold', 'pink', 'brown', 'purple', 'tomato']

D. ['gold', 'brown']

36. 下面代码的输出结果是(　　)。

```
d ={"大海": "蓝色", "天空": "灰色", "大地": "黑色"}
print(d["大地"], d.get("大地", "黄色"))
```

A. 黑的　灰色　　B. 黑色　黑色　　C. 黑色　蓝色　　D. 黑色　黄色

37. 当用户输入 abc 时，下面代码的输出结果是(　　)。

```
try:
    n = 0
    n = input("请输入一个整数: ")
    def pow10(n):
        return n**10
except:
    print("程序执行错误")
```

A. 输出：abc　　B. 程序没有任何输出

C. 输出：0　　D. 输出：程序执行错误

38. 下面代码的输出结果是(　　)。

```
a = [[1,2,3], [4,5,6], [7,8,9]]
s = 0
for c in a:
    for j in range(3):
        s += c[j]
print(s)
```

A. 0　　B. 45

C. 以上答案都不对　　D. 24

39. 文件 book.txt 在当前程序所在目录内，其内容是一段文本：book，下面代码的输出结果是(　　)。

```
txt = open("book.txt", "r")
print(txt)
txt.close()
```

A. book.txt　　B. txt

C. 以上答案都不对　　　　　　　　D. book

40. 如果当前时间是2018年5月1日10点10分9秒，则下面代码的输出结果是(　　)。

```
import time
print(time.strftime("%Y=%m-%d@%H>%M>%S", time.gmtime()))
```

A. 2018=05-01@10>10>09　　　　B. 2018=5-1 10>10>9

C. True@True　　　　　　　　　D. 2018=5-1@10>10>9

二、实操题

41. 实现以下功能：键盘输入一段中文文本，不含标点符号和空格，命名为变量 s，采用 jieba 库对其进行分词，输出该文本中词语的平均长度，保留 1 位小数。例如：键盘输入“吃葡萄不吐葡萄皮”，屏幕输出“1.6”。

提示：建议使用本机提供的 Python 集成开发环境 IDLE 编写、调试及验证程序。

42. 实现以下功能：键盘输入一个 9800 到 9811 之间的正整数 n 作为 Unicode 编码，把 n－1、n 和 n＋1 三个 Unicode 编码对应字符按照如下格式要求输出到屏幕：宽度为 11 个字符，加号字符＋填充，居中。例如：键盘输入“9802”，屏幕输出“++++x@++++”。

提示：建议使用本机提供的 Python 集成开发环境 IDLE 编写、调试及验证程序。

43. 实现以下功能：键盘输入正整数 n，按要求把 n 输出到屏幕，格式要求：宽度为 20 个字符，减号字符－填充，右对齐，带千位分隔符。如果输入正整数超过 20 位，则按照真实长度输出。例如：键盘输入“正整数 n 为 1234”，屏幕输出“----1，234”。

提示：建议使用本机提供的 Python 集成开发环境 IDLE 编写、调试及验证程序。

44. 实现如下功能：键盘输入一组我国高校所对应的学校类型，以空格分隔，共一行，示例格式如下：

综合 理工 综合 综合 综合 师范 理工

统计各类型的数量，从数量多到少的顺序屏幕输出类型及对应数量，以冒号分隔，每个类一行，输出参考格式如下：

```
综合：4
理工：2
师范：1
```

提示：建议使用本机提供的 Python 集成开发环境 IDLE 编写、调试及验证程序。

45. 实现如下功能：键盘输入小明学习的课程名称及分数等信息，信息间采用空格分隔，每个课程一行，空行回车结束录入，示例格式如下：

```
数学 90
语文 95
英语 86
物理 84
生物 87
```

屏幕输出得分最高的课程及成绩，得分最低的课程及成绩，以及平均分(保留2位小数)。格式如下：最高分课程是语文 95，最低分课程是物理 84，平均分是 88.40。注意，其中逗号为英文逗号。

提示：建议使用本机提供的 Python 集成开发环境 IDLE 编写、调试及验证程序。

46. 实现以下功能：使用 turtle 库的 turtle.fd()函数和 turtle.seth()函数绘制一个等边三角形，边长为 200 像素，实现效果如下：

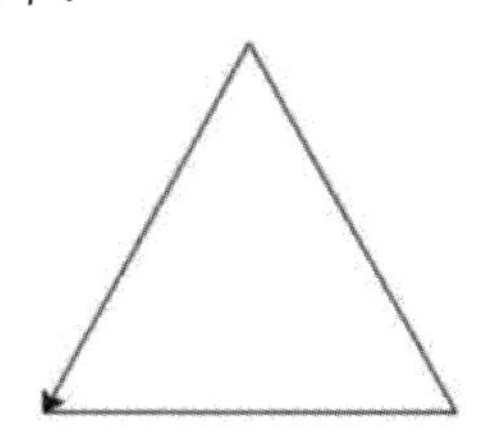

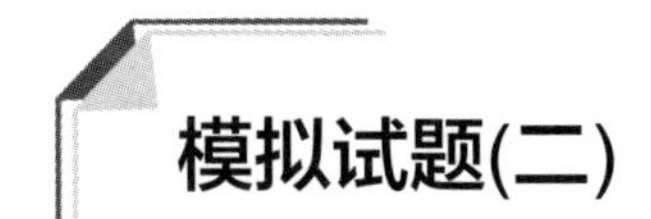

模拟试题(二)

一、选择题

1. 关于算法的描述，以下选项中错误的是(　　)。

A. 算法具有可行性、确定性、有穷性的基本特征

B. 算法的复杂度主要包括时间复杂度和数据复杂度

C. 算法的基本要素包括数据对象的运算和操作及算法的控制结构

D. 算法是指解题方案的准确而完整的描述

2. 关于数据结构的描述，以下选项中正确的是(　　)。

A. 数据的存储结构是指反映数据元素之间逻辑关系的数据结构

B. 数据的逻辑结构有顺序、链接、索引等存储方式

C. 数据结构不可以直观地用图形表示

D. 数据结构指相互有关联的数据元素的集合

3. 在深度为 7 的满二叉树中，节点个数总共是(　　)。

A. 64　　B. 127　　C. 63　　D. 32

4. 对长度为 n 的线性表进行顺序查找，在最坏的情况下所需要的比较次数是(　　)。

A. n × (n + 1)　　B. n − 1　　C. n　　D. n + 1

5. 关于结构化程序设计方法原则的描述，以下选项中错误的是(　　)。

A. 逐步求精　　B. 多态继承　　C. 模块化　　D. 自顶向下

6. 与信息隐蔽的概念直接相关的概念是(　　)。

A. 模块独立性　　B. 模块类型划分

C. 模块耦合度　　D. 软件结构定义

7. 关于软件工程的描述，以下选项中描述正确的是(　　)。

A. 软件工程包括 3 要素：结构化、模块化、面向对象

B. 软件工程工具是完成软件工程项目的技术手段

C. 软件工程方法支持软件的开发、管理、文档生成

D. 软件工程是应用于计算机软件的定义、开发和维护的一整套方案、工具、文档和实践标准和工序

8. 在软件工程详细设计阶段，以下选项中不是详细设计工具的是(　　)。

A. 程序流程图　　B. CSS
C. PAL　　D. 判断表

9. 以下选项中表示关系表中的每一横行的是(　　)。

A. 关系　　B. 键　　C. 域　　D. 属性

10. 将 E-R 图转换为关系模式时，可以表示实体与联系的是(　　)。

A. 关系　　B. 键　　C. 域　　D. 属性

11. 以下选项中 Python 在异常处理结构中用来捕获特定类型的异常的保留字是(　　)。

A. except　　B. do　　C. pass　　D. while

12. 以下选项中符合 Python 语言变量命名规则的是(　　)。

A. *I　　B. 3_1　　C. AI!　　D. Templist

13. 关于赋值语句，以下选项中描述错误的是(　　)。

A. 在 Python 语言中，有一种赋值语句，可以同时给多个变量赋值

B. 设 x = "alice"；y = "kate"，执行

```
x,y = y,x
```

可以实现变量 x 和 y 值的互换

C. 设 a = 10；b = 20，执行

```
a,b = a,a + b
print(a,b)
```

和

```
a = b
b = a + b
print(a,b)
```

之后，得到同样的输出结果：10 30

D. 在 Python 语言中，“=”表示赋值，即将“=”右侧的计算结果赋值给左侧变量，包含“=”的语句称为赋值语句

14. 关于 eval 函数，以下选项中描述错误的是(　　)。

A. eval 函数的作用是将输入的字符串转为 Python 语句，并执行该语句

B. 如果用户希望输入一个数字，并用程序对这个数字进行计算，可以采用 eval(input(<输入提示字符串>))组合

C. 执行 eval("Hello")和执行 eval(" 'Hello' ")得到相同的结果

D. eval 函数的定义为：eval(source, globals=None, locals=None, /)

15. 关于 Python 语言的特点，以下选项中描述错误的(　　)。

A. Python 语言是非开源语言　　B. Python 语言是跨平台语言
C. Python 语言是多模型语言　　D. Python 语言是脚本语言

16. 关于 Python 的数字类型，以下选项中描述错误的是(　　)。

A. Python 整数类型提供了 4 种进制表示：十进制、二进制、八进制和十六进制

B. Python 语言要求所有浮点数必须带有小数部分

C. Python 语言中，复数类型中实数部分和虚数部分的数值都是浮点类型，复数的虚数部分通过后缀“C”或者“c”来表示

D. Python 语言提供 int、float、complex 等数字类型

17. 关于 Python 循环结构，以下选项中描述错误的是(　　)。

A. 遍历循环中的遍历结构可以是字符串、文件、组合数据类型和 range()函数等

B. break 用来跳出最内层 for 或者 while 循环，脱离该循环后程序从循环代码后继续执行

C. 每个 continue 语句只有能力跳出当前层次的循环

D. Python 通过 for、while 等保留字提供遍历循环和无限循环结构

18. 关于 Python 的全局变量和局部变量，以下选项中描述错误的是(　　)。

A. 局部变量指在函数内部使用的变量，当函数退出时，变量依然存在，下次函数调用可以继续使用

B. 使用 global 保留字声明简单数据类型变量后，该变量作为全局变量使用

C. 简单数据类型变量无论是否与全局变量重名，仅在函数内部创建和使用，函数退出后变量被释放

D. 全局变量指在函数之外定义的变量，一般没有缩进，在程序执行全过程有效

19. 关于 Python 的 lambda 函数，以下选项中描述错误的是(　　)。

A. 可以使用 lambda 函数定义列表的排序原则

B. f = lambda x,y:x+y 执行后，f 的类型为数字类型

C. lambda 函数将函数名作为函数结果返回

D. lambda 用于定义简单的、能够在一行内表示的函数

20. 下面代码实现的功能描述正确的是(　　)。

```
def fact(n):
    if n==0:
        return 1
    else:
    return n*fact(n-1)
num =eval(input("请输入一个整数："))
print(fact(abs(int(num))))
```

A. 接收用户输入的整数 n，判断 n 是否是素数并输出结论

B. 接收用户输入的整数 n，判断 n 是否是完数并输出结论

C. 接收用户输入的整数 n，判断 n 是否是水仙花数

D. 接收用户输入的整数 n，输出 n 的阶乘值

21. 执行如下代码：

```
import time
print(time.time())
```

以下选项中描述错误的是(　　)。

A. time 库是 Python 的标准库

B. 可使用 time.ctime()，显示为更可读的形式

C. time.sleep(5)推迟调用线程的运行，单位为毫秒

D. 输出自 1970 年 1 月 1 日 00:00:00 AM 以来的秒数

22. 执行后可以查看 Python 的版本的是(　　)。

A. import sys
   print(sys.Version)

B. import system
   print(system.version)

C. import system
   print(system.Version)

D. import sys
   print(sys.version)

23. 关于 Python 的组合数据类型，以下选项中描述错误的是(　　)。

A. 组合数据类型可以分为 3 类：序列类型、集合类型和映射类型

B. 序列类型是二维元素向量，元素之间存在先后关系，并通过序号访问

C. Python 的 str、tuple 和 list 类型都属于序列类型

D. Python 组合数据类型能够将多个同类型或不同类型的数据组织起来，通过单一的表示使数据操作更有序、更容易

24. 以下选项中，可以用于处理 Python 程序中可能发生的错误的语句是(　　)。

A. try　　B. except　　C. finally　　D. error

25. 关于 Python 文件处理，以下选项中描述错误的是(　　)。

A. Python 能处理 JPG 图像文件　　B. Python 不可以处理 PDF 文件

C. Python 能处理 CSV 文件　　D. Python 能处理 Excel 文件

26. 以下选项中，不是 Python 对文件的打开模式的是(　　)。

A. 'w'　　B. '+'　　C. 'c'　　D. 'r'

27. 关于数据组织的维度，以下选项中描述错误的是(　　)。

A. 一维数据采用线性方式组织，对应于数学中的数组和集合等概念

B. 二维数据采用表格方式组织，对应于数学中的矩阵

C. 高维数据由键值对类型的数据构成，采用对象方式组织

D. 数据组织存在维度，字典类型用于表示一维和二维数据

28. Python 数据分析方向的第三方库是(　　)。

A. Pdfminer　　B. beautifulsoup4

C. time　　D. numpy

29. Python 中可以用于生成随机数的模块是(　　)。

A. math　　B. numpy　　C. statistic　　D. random

30. Python Web 开发方向的第三方库是(　　)。

A. Django　　B. Scipy　　C. Pandas　　D. Requests

31. 下面代码的输出结果是(　　)。

```
x=0b1010
print(x)
```

A. 16　　B. 256　　C. 1024　　D. 10

32. 下面代码的输出结果是(　　)。

```
x=10
y=-1+2j
print(x+y)
```

A. 9　　B. 2j　　C. 11　　D. (9 + 2j)

33. 下面代码的输出结果是(　　)。

```
x=3.1415926
print(round(x,2) ,round(x))
```

A. 3 3.14　　B. 2 2　　C. 6.28 3　　D. 3.14 3

34. 下面代码的输出结果是(　　)。

```
for s in "HelloWorld":
    if s=="W":
    break
print(s, end="")
```

A. Hello　　B. World　　C. HelloWorld　　D. Helloorld

35. 以下选项中，输出结果是 False 的是(　　)。

A. 5 is not 4　　B. 5 != 4　　C. False != 0　　D. 5 is 5

36. 下面代码的输出结果是(　　)。

```
a = 1000000
b = "-"
print("{0:{2}^{1},}\n{0:{2}>{1},}\n{0:{2}<{1},}".format(a,30,b))
```

A. 1,000,000---------------------
   ---------------------1,000,000
   ---------1,000,000-----------

B. ---------------------1,000,000
   1,000,000---------------------
   ----------1,000,000-----------

C. ---------------------1,000,000
   ----------1,000,000-----------
   1,000,000---------------------

D. ----------1,000,000-----------
   ---------------------1,000,000
   1,000,000---------------------

37. 下面代码的输出结果是(　　)。

```
s =["seashell","gold","pink","brown","purple","tomato"]print(s[4:])
```

A. ['purple']

B. ['seashell', 'gold', 'pink', 'brown']

C. ['gold', 'pink', 'brown', 'purple', 'tomato']

D. ['purple', 'tomato']

38. 执行如下代码：

```
import turtle as t
def DrawCctCircle(n):
    t.penup()
    t.goto(0,-n)
    t.pendown()
    t.circle(n)
for i in range(20,80,20):
    DrawCctCircle(i)
t.done()
```

在 Python Turtle Graphics 中，绘制的图形是(　　)。

A. 同切圆　　　　B. 同心圆

C. 笛卡尔心形　　D. 太极

39. 给出如下代码：

```
fname = input("请输入要打开的文件: ")
fo = open(fname, "r")
for line in fo.readlines():
    print(line)
fo.close()
```

关于上述代码的描述，以下选项中错误的是(　　)。

A. 通过 fo.readlines()方法将文件的全部内容读入一个字典 fo

B. 通过 fo.readlines()方法将文件的全部内容读入一个列表 fo

C. 上述代码可以优化为：

```
fname = input("请输入要打开的文件: ")
with open(fname, "r")as fo:
for line in fo:
    print(line, end=" ")
```

D. 用户输入文件路径，以文本文件方式读入文件内容并逐行打印

40. 能实现将一维数据写入 CSV 文件中的是(　　)。

A.

```
fo = open("price2016bj.csv", "w")
ls = ['AAA', 'BBB', 'CCC', 'DDD']
fo.write(",".join(ls)+ "\n")
fo.close()
```

B.

```
fr = open("price2016.csv", "w")
ls = []
```

```
for line in fo:
    line = line.replace("\n","")
    ls.append(line.split(","))
    print(ls)
fo.close()
```

C.

```
fo = open("price2016bj.csv", "r")
ls = ['AAA', 'BBB', 'CCC', 'DDD']
fo.write(",".join(ls)+ "\n")
fo.close()
```

D.

```
fname = input("请输入要写入的文件: ")
fo = open(fname, "w+")
ls = ["AAA", "BBB", "CCC"]
fo.writelines(ls)
for line in fo:
    print(line)
fo.close()
```

二、实操题

41. 实现以下功能：键盘输入一句话，用 jieba 分词后，将切分的词组按照其在原话中的逆序输出到屏幕上，词组中间没有空格。示例如下：

```
输入:
我爱妈妈
输出:
妈妈爱我
```

提示：建议使用本机提供的 Python 集成开发环境 IDLE 编写、调试及验证程序。

42. 实现以下功能：随机选择一个手机品牌屏幕输出。

提示：建议使用本机提供的 Python 集成开发环境 IDLE 编写、调试及验证程序。

43. 键盘输入一段文本，保存在一个字符串变量 s 中，分别用 Python 内置函数及 jieba 库中已有函数计算字符串 s 的中文字符个数及中文词语个数。注意：中文字符包含中文标点符号。例如：

```
键盘输入:
俄罗斯举办世界杯
屏幕输出:
中文字符数为 8，中文词语数为 3。
```

提示：建议使用本机提供的 Python 集成开发环境 IDLE 编写、调试及验证程序。

44. 实现以下功能：使用 turtle 库的 turtle.fd()函数和 turtle.seth()函数绘制一个每个方向

为 100 像素长度的十字形，效果如下：

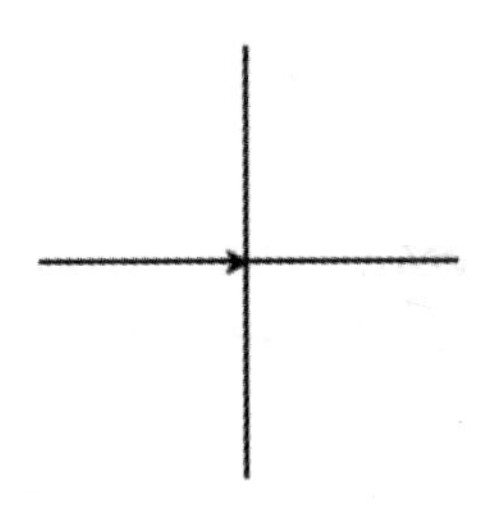

45. 使用 turtle 库的 turtle.fd()函数和 turtle.seth()函数绘制一个边长为 100 的正八边形，效果如下：

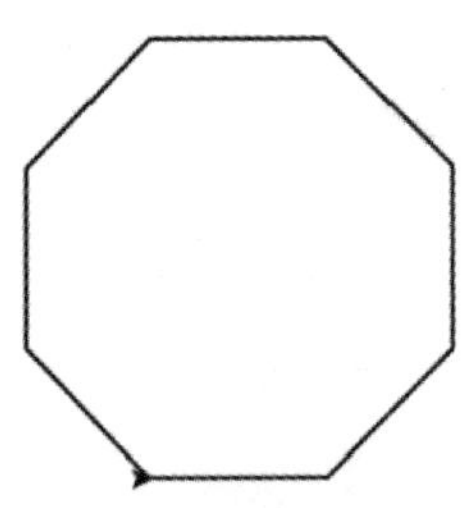

46. 使用字典和列表型变量完成村长选举。某村有 40 名有选举权和被选举权的村民，名单由考生文件夹下的文件 name.txt 给出，从这 40 名村民中选出一人当村长，40 人的投票信息由考生文件夹下的文件 vote.txt 给出，每行是一张选票的信息，有效票中得票最多的村民当选。

问题一：请从 vote.txt 中筛选出无效票写入文件 vote1.txt。有效票的含义是：选票中只有一个名字且该名字在 name.txt 文件列表中，非有效票称为无效票。

问题二：给出当选村长的名字及其得票数。

提示：建议使用本机提供的 Python 集成开发环境 IDLE 编写、调试及验证程序。

模拟试题(三)

一、选择题

1. 按照“后进先出”原则组织数据的数据结构是(　　)。

A. 栈　　　　B. 双向链表　　　　C. 二叉树　　　　D. 队列

2. 以下选项的叙述中正确的是(　　)。

A. 在循环队列中，只需要队头指针就能反映队列中元素的动态变化情况

B. 在循环队列中，只需要队尾指针就能反映队列中元素的动态变化情况

C. 循环队列中元素的个数是由队头指针和队尾指针共同决定的

D. 循环队列有队头和队尾两个指针，因此循环队列是非线性结构

3. 关于数据的逻辑结构，以下选项中描述正确的是(　　)。

A. 数据所占的存储空间量

B. 数据在计算机中的顺序存储方式

C. 数据的逻辑结构是反映数据元素之间逻辑关系的数据结构

D. 存储在外存中的数据

4. 以下选项中，不属于结构化程序设计方法的是(　　)。

A. 逐步求精　　B. 模块化　　C. 可封装　　D. 自顶向下

5. 以下选项中，不属于软件生命周期中开发阶段任务的是(　　)。

A. 概要设计　　B. 软件维护　　C. 详细设计　　D. 软件测试

6. 为了使模块尽可能独立，以下选项中描述正确的是(　　)。

A. 模块的内聚程度要尽量高，且各模块间的耦合程度要尽量弱

B. 模块的内聚程度要尽量低，且各模块间的耦合程度要尽量弱

C. 模块的内聚程度要尽量低，且各模块间的耦合程度要尽量强

D. 模块的内聚程度要尽量高，且各模块间的耦合程度要尽量强

7. 以下选项中叙述正确的是(　　)。

A. 软件一旦交付就不需要再进行维护

B. 软件交付使用后其生命周期就结束

C. 软件维护指修复程序中被破坏的指令

D. 软件交付使用后还需要进行维护

8. 数据独立性是数据库技术的重要特点之一，关于数据独立性，以下选项中描述正确的是(　　)。

A. 不同数据被存放在不同的文件中

B. 不同数据只能被对应的应用程序所使用

C. 数据与程序独立存放

D. 以上三种说法都不对

9. 以下选项中，数据库系统的核心是(　　)。

A. 数据库管理系统　　B. 数据库

C. 数据库管理员　　D. 数据模型

10. 一间宿舍可以住多个学生，以下选项中描述了实体宿舍和学生之间关系的是(　　)。

A. 一对多　　B. 多对一　　C. 多对多　　D. 一对一

11. 以下选项中不是 Python 文件读操作方法的是(　　)。

A. readline　　B. readall　　C. readtext　　D. read

12. 以下选项中说法不正确的是(　　)。

A. C 语言是静态语言，Python 语言是脚本语言

B. 编译是将源代码转换成目标代码的过程

C. 解释是将源代码逐条转换成目标代码，同时逐条运行目标代码的过程

D. 静态语言采用解释方式执行，脚本语言采用编译方式执行

13. 以下选项中不是 Python 语言特点的是(　　)。

A. 变量声明：Python 语言具有使用变量需要先定义后使用的特点

B. 平台无关：Python 程序可以在任何安装了解释器的操作系统环境中执行

C. 黏性扩展：Python 语言能够集成 C、C++ 等语言编写的代码

D. 强制可读：Python 语言通过强制缩进来体现语句间的逻辑关系

14. 拟在屏幕上打印输出“Hello World”，以下选项中正确的是(　　)。

A. print('Hello World')　　B. printf("Hello World")

C. printf('Hello World')　　D. print(Hello World)

15. IDLE 环境的退出命令是(　　)。

A. esc()　　B. close()　　C. 回车键　　D. exit()

16. 以下选项中，不符合 Python 语言变量命名规则的是(　　)。

A. keyword33_　　B. 33_keyword

C. _33keyword　　D. keyword_33

17. 以下选项中，不是 Python 语言保留字的是(　　)。

A. while　　B. continue　　C. goto　　D. for

18. 以下选项中，在 Python 语言中代码注释使用的符号是(　　)。

A. /… …/　　B. !　　C. #　　D. //

19. 关于 Python 语言的变量，以下选项中说法正确的是(　　)。

A. 随时声明、随时使用、随时释放

B. 随时命名、随时赋值、随时使用

C. 随时声明、随时赋值、随时变换类型

D. 随时命名、随时赋值、随时变换类型

20. Python 语言提供的 3 个基本数字类型是(　　)。

A. 整数类型、浮点数类型、复数类型

B. 整数类型、二进制类型、浮点数类型

C. 整数类型、二进制类型、复数类型

D. 整数类型、二进制类型、浮点数类型

21. 以下选项中不属于 IPO 模式的一部分的是(　　)。

A. Program(程序)　　B. Process(处理)

C. Output(输出)　　D. Input(输入)

22. 以下选项中属于 Python 语言中合法的二进制整数的是(　　)。

A. 0B1010　　B. 0B1019　　C. 0bC3F　　D. 0b1708

23. 关于 Python 语言的浮点数类型，以下选项中描述错误的是(　　)。

A. 浮点数类型表示带有小数的类型

B. Python 语言要求所有浮点数必须带有小数部分

C. 小数部分不可以为 0

D. 浮点数类型与数学中实数的概念一致

24. 关于 Python 语言数值操作符，以下选项中描述错误的是(　　)。

A. x//y 表示 x 与 y 之整数商，即不大于 x 与 y 之商的最大整数

B. x**y 表示 x 的 y 次幂，其中，y 必须是整数

C. x%y 表示 x 与 y 之商的余数，也称为模运算

D. x/y 表示 x 与 y 之商

25. 以下选项中不是 Python 语言基本控制结构的是(　　)。

A. 程序异常　　B. 循环结构　　C. 跳转结构　　D. 顺序结构

26. 关于分支结构，以下选项中描述不正确的是(　　)。

A. if 语句中条件部分可以使用任何能够产生 True 和 False 的语句和函数

B. 二分支结构有一种紧凑形式，使用保留字 if 和 elif 实现

C. 多分支结构用于设置多个判断条件以及对应的多条执行路径

D. if 语句中语句块执行与否依赖于条件判断

27. 关于 Python 函数，以下选项中描述错误的是(　　)。

A. 函数是一段可重用的语句组

B. 函数通过函数名进行调用

C. 每次使用函数需要提供相同的参数作为输入

D. 函数是一段具有特定功能的语句组

28. 以下选项中不是 Python 中用于开发用户界面的第三方库的是(　　)。

A. PyQt　　B. wxPython　　C. pygtk　　D. turtle

29. 以下选项中不是 Python 中用于进行数据分析及可视化处理的第三方库的是(　　)。

A. Pandas　　B. mayavi2　　C. mxnet　　D. numpy

30. 以下选项中不是 Python 中用于进行 Web 开发的第三方库的是(　　)。

A. Django　　B. scrapy　　C. pyramid　　flask

31. 下面代码的执行结果是(　　)。

```
1.23e-4+5.67e+8j.real
```

A. 1.23　　B. 5.67e+8　　C. 1.23e4　　D. 0.000123

32. 下面代码的执行结果是(　　)。

```
s = "11+5in">>>eval(s[1:-2])
```

A. 6　　B. 11 + 5　　C. 执行错误　　D. 16

33. 下面代码的执行结果是(　　)。

```
abs(-3+4j)
```

A. 4.0　　B. 5.0　　C. 执行错误　　D. 3.0

34. 下面代码的执行结果是(　　)。

```
x = 2>>>x *= 3 + 5**2
```

A. 15　　B. 56　　C. 8192　　D. 13

35. 下面代码的执行结果是(　　)。

```
ls=[[1,2,3],[[4,5],6],[7,8]]
print(len(ls))
```

A. 3　　B. 4　　C. 8　　D. 1

36. 下面代码的执行结果是(　　)。

```
a = "Python 等级考试"
b = "="
c = ">"
print("{0:{1}{3}{2}}".format(a, b, 25, c))
```

A. Python 等级考试===============

B. Python 等级考试

C. Python 等级考试===============

D. ===============Python 等级考试

37. 下面代码的执行结果是(　　)。

```
s = ["2020", "20.20", "Python"]
ls.append(2020)
ls.append([2020, "2020"])
print(ls)
```

A. ['2020', '20.20', 'Python', 2020]

B. ['2020', '20.20', 'Python', 2020, [2020, '2020']]

C. ['2020', '20.20', 'Python', 2020, ['2020']]

D. ['2020', '20.20', 'Python', 2020, 2020, '2020']

38. 设 city.csv 文件内容如下：

```
巴哈马,巴林,孟加拉国,巴巴多斯
白俄罗斯,比利时,伯利兹
```

下面代码的执行结果是(　　)。

```
f = open("city.csv", "r")
ls = f.read().split(",")
f.close()
print(ls)
```

A. ['巴哈马', '巴林', '孟加拉国', '巴巴多斯\n 白俄罗斯', '比利时', '伯利兹']

B. ['巴哈马, 巴林, 孟加拉国, 巴巴多斯, 白俄罗斯, 比利时, 伯利兹']

C. ['巴哈马', '巴林', '孟加拉国', '巴巴多斯', '\n', '白俄罗斯', '比利时', '伯利兹']

D. ['巴哈马', '巴林', '孟加拉国', '巴巴多斯', '白俄罗斯', '比利时', '伯利兹']

39. 下面代码的执行结果是(　　)。

```
d = {}
for i in range(26):
    d[chr(i+ord("a"))] = chr((i+13) % 26 + ord("a"))
for c in "Python":
    print(d.get(c, c), end="")
```

A. Cabugl　　B. Python　　C. Pabugl　　D. Plguba

40. 给出如下代码：

```
while True:
    guess = eval(input())
if guess == 0x452//2:
      break
```

作为输入能够结束程序运行的是(　　)。

A. 553　　B. 0x452　　C. "0x452//2"　　D. break

二、实操题

41. 实现以下功能：从键盘输入 4 个数字，各数字采用空格分隔，对应为变量 x0、y0、x1、y1。计算两点(x0, y0)和(x1, y1)之间的距离，屏幕输出这个距离，保留 2 位小数。例如：键盘输入“0 1 3 5”，屏幕输出“5.00”。

提示：建议使用本机提供的 Python 集成开发环境 IDLE 编写、调试及验证程序。

42. 实现以下功能：键盘输入字符串 s，按要求把 s 输出到屏幕，格式要求宽度为 20 个字符，等号字符 = 填充，居中对齐。如果输入字符串超过 20 位，则全部输出。例如：键盘输入字符串 s 为“PYTHON”，屏幕输出“=======PYTHON=======”。

提示：建议使用本机提供的 Python 集成开发环境 IDLE 编写、调试及验证程序。

43. 实现以下功能：某商店出售某品牌运动鞋，每双定价 160，1 双不打折，2 双(含)到 4 双(含)打九折，5 双(含)到 9 双(含)打八折，10 双(含)以上打七折，键盘输入购买数量，屏幕输出总额(保留整数)。示例格式如下：

```
输入:1
输出:.总额为:160
```

提示：建议使用本机提供的 Python 集成开发环境 IDLE 编写、调试及验证程序。

44. 使用 turtle 库的 turtle.fd()函数和 turtle.seth()函数绘制一个边长为 100 的正五边形，结果如下：

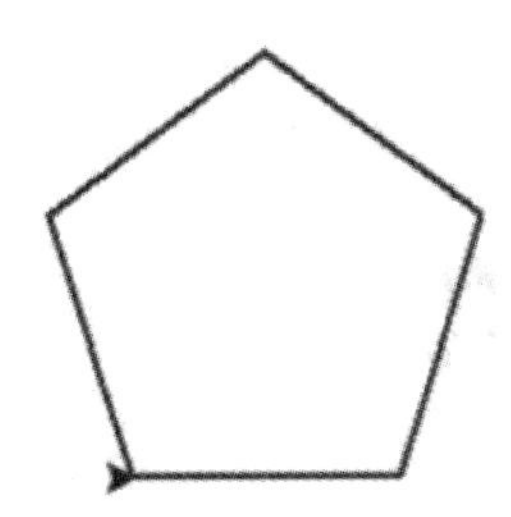

45. 使用字典和列表型变量完成最有人气的明星的投票数据分析。投票信息由考生文件夹下的文件 vote.txt 给出，一行只有一个明星姓名的投票才是有效票。在有效票中得票最多的明星当选最有人气的明星。

问题一：试统计有效票的张数。

问题二：试给出当选最有人气明星的姓名和票数。

提示：建议使用本机提供的 Python 集成开发环境 IDLE 编写、调试及验证程序。

46. 使用 turtle 库的 turtle.fd()函数和 tutle.seth()函数绘制一个边长为 40 像素的正十二边型，结果如下：

提示：建议使用本机提供的 Python 集成开发环境 IDLE 编写、调试及验证程序。

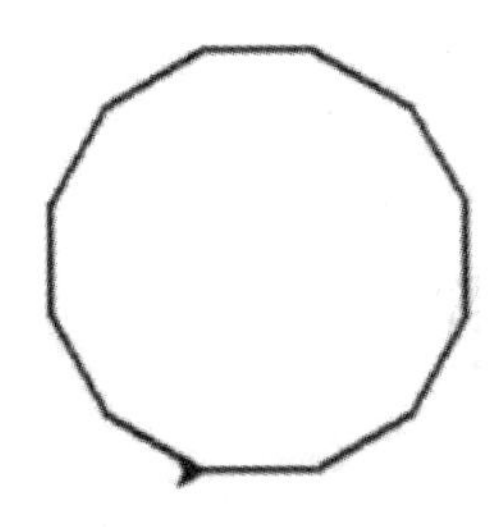

模拟试题(四)

一、选择题

1. 以下选项中，不属于需求分析阶段的任务是(　　)。

A. 需求规格说明书评审　　　　B. 确定软件系统的性能需求

C. 确定软件系统的功能需求　　D. 制订软件集成测试计划

2. 关于数据流图(DFD)的描述，以下选项中正确的是(　　)。

A. 软件详细设计的工具　　　　B. 结构化方法的需求分析工具

C. 面向对象的需求分析工具　　D. 软件概要设计的工具

3. 在黑盒测试方法中，设计测试用例的主要根据是(　　)。

A. 程序流程图　　　　B. 程序数据结构

C. 程序内部逻辑　　　D. 程序外部功能

4. “一个教师讲授多门课程，一门课程由多个教师讲授”描述了实体教师和课程的联系是(　　)。

A. m : n 联系　　B. m : 1 联系　　C. 1 : n 联系　　D. 1 : 1 联系

5. 数据库设计中，反映用户对数据要求的模式是(　　)。

A. 内模式　　B. 设计模式　　C. 外模式　　D. 概念模式

6. 在数据库设计中，用E-R图描述信息结构但不涉及信息在计算机中的表示的阶段是(　　)。

A. 概念设计阶段　　B. 逻辑设计阶段

C. 物理设计阶段　　D. 需求分析阶段

7. 以下选项中，描述正确的是(　　)。

A. 只有一个根节点的数据结构不一定是线性结构

B. 循环链表是非线性结构

C. 双向链表是非线性结构

D. 有一个以上根节点的数据结构不一定是非线性结构

8. 一棵二叉树共有25个节点，其中5个是叶子节点，则度为1的节点数是(　　)。

A. 6　　B. 16　　C. 10　　D. 4

9. 以下Python表达式中正确使用了列表解析的是(　　)。

A. [x for x in range(5)]　　B. {x: x%2 == o for x in range(5)}

C. (x for x in range(5))　　D. 以上都不是

10. 以下选项中描述正确的是(　　)。

A. 算法的时间复杂度与空间复杂度一定相关

B. 算法的时间复杂度是指执行算法所需要的计算工作量

C. 算法的效率只与问题的规模有关，而与数据的存储结构无关

D. 数据的逻辑结构与存储结构是一一对应的

11. Python 文件的后缀名是(　　)。

A. pdf　　B. do　　C. pass　　D. py

12. 下面代码的输出结果是(　　)。

```
print(0.1 + 0.2 == 0.3)
```

A. False　　B. −1　　C. 0　　D. while

13. 以下选项中，不是 Python 语言保留字的是(　　)。

A. except　　B. do　　C. pass　　D. while

14. 下面代码的执行结果是(　　)。

```
a = 10.99print(complex(a))
```

A. 10.99 + j　　B. 10.99　　C. 0.99　　D. (10.99 + 0j)

15. 关于 Python 字符编码，以下选项中描述错误的是(　　)。

A. chr(x)和 ord(x)函数用于在单字符和 Unicode 编码值之间进行转换

B. print chr(65)输出 A

C. print(ord('a'))输出 97

D. Python 字符编码使用 ASCII 编码

16. 关于 Python 循环结构，以下选项中描述错误的是(　　)。

A. 遍历循环中的遍历结构可以是字符串、文件、组合数据类型和 range()函数等

B. break 用来结束当前当次语句，但不跳出当前的循环体

C. continue 只结束本次循环

D. Python 通过 for、while 等保留字构建循环结构

17. 给出如下代码：

```
import random
num = random.randint(1,10)
while True:
    if num >= 9:
        break
    else:
        num = random.randint(1,10)
```

以下选项中描述错误的是(　　)。

A. 这段代码的功能是程序自动猜数字

B. import random 代码是可以省略的

C. while True 创建了一个永远执行的循环

D. random.randint(1,10)生成[1,10]之间的整数

18. 关于 time 库的描述，以下选项错误的是(　　)。

A. time 库提供获取系统时间并格式化输出功能

B. time.sleep(s)的作用是休眠 s 秒

C. time.perf_counter()返回一个固定的时间计数值

D. time 库是 Python 中处理时间的标准库

19. 关于 jieba 库的描述，以下选项错误的是(　　)。

A. jieba.cut(s)是精确模式，返回一个可迭代的数据类型

B. jieba.lcut(s)是精确模式，返回列表类型

C. jieba.add_word(s)是向分词词典里增加新词 s

D. jieba 是 Python 中一个重要的标准函数库

20. 对于列表 ls 的操作，以下选项中描述错误的是(　　)。

A. ls.clear()：删除 ls 的最后一个元素

B. ls.copy()：生成一个新列表，复制 ls 的所有元素

C. ls.reverse()：列表 ls 的所有元素反转

D. ls.append(x)：在 ls 最后增加一个元素

21. 下面代码的输出结果是(　　)。

```
listV = list(range(5))
print(2 in listV)
```

A. False　　B. 0　　C. -1　　D. True

22. 给出如下代码：

```
import random as ran
listV = []
ran.seed(100)
for i in range(10):
    i = ran.randint(100,999)
    listV.append(i)
```

以下选项中能输出随机列表元素最大值的是(　　)。

A. print(listV.max())　　B. print(listV.pop(i))

C. print(max(listV))　　D. print(listV.reverse(i))

23. 给出如下代码：

```
MonthandFlower={"1 月":"梅花","2 月":"杏花", "3 月": "桃花", "4 月": "牡丹花","5 月": "石榴花", "6 月": "莲花", "7 月":"玉簪花", "8 月": "桂花","9 月": "菊花","10 月": "芙蓉花", "11 月": "山茶花", "12 月": "水仙花"}
n = input("请输入 1～12 的月份: ")
print(n + "月份之代表花：" + MonthandFlower.get(str(n)+ "月"))
```

以下选项中描述正确的是(　　)。

A. 代码的功能是获取一个整数(1～12)来表示月份，输出该月份对应的代表花名

B. MonthandFlower 是列表类型变量

C. MonthandFlower 是一个元组

D. MonthandFlower 是集合类型变量

24. 关于 Python 文件打开模式的描述，以下选项错误的是(　　)。

A. w 为覆盖写模式　　B. a 为追加写模式

C. n 为创建写模式　　D. r 为只读模式

25. 执行如下代码：

```
fname = input("请输入要写入的文件: ")
```

```
fo = open(fname, "w+")
ls = ["清明时节雨纷纷，","路上行人欲断魂，","借问酒家何处有？","牧童遥指杏花村。"]
fo.writelines(ls)
fo.seek(0)
for line in fo:
print(line)
  fo.close()
```

以下选项中描述错误的是(　　)。

A. fo.writelines(ls)将元素全为字符串的 ls 列表写入文件

B. fo.seek(0)这行代码如果省略，也能打印输出文件内容

C. 代码的主要功能为向文件写入一个列表类型，并打印输出结果

D. 执行代码时，从键盘输入“清明.txt”，则清明.txt 被创建

26. 关于 CSV 文件的描述，以下选项错误的是(　　)。

A. CSV 文件的每一行是一维数据，可以使用 Python 中的列表类型表示

B. CSV 文件通过多种编码表示字符

C. 整个 CSV 文件是一个二维数据

D. CSV 文件格式是一种通用的文件格式，用于程序之间表格数据的转移

27. 以下选项中，修改 turtle 画笔颜色的函数是(　　)。

A. seth()　　B. colormode()　　C. bk()　　D. pencolor()

28. 以下选项中，Python 网络爬虫方向的第三方库是(　　)。

A. numpy　　B. openpyxl　　C. PyQt5　　D. scrapy

29. 以下选项中，Python 数据分析方向的第三方库是(　　)。

A. PIL　　B. Django　　C. pandas　　D. flask

30. 以下选项中，Python 机器学习方向的第三方库是(　　)。

A. TensorFlow　　B. scipy　　C. PyQt5　　D. requests

31. 给出如下代码：

```
TempStr = "Hello World"
```

以下选项中可以输出“World”子串的是(　　)。

A. print(TempStr[-5: -1])　　B. print(TempStr[-5:0])

C. print(TempStr[-4: -1])　　D. print(TempStr[-5:])

32. 下面代码的输出结果是(　　)。

```
x = 12.34print(type(x))
```

A. <class 'int'>　　B. <class 'float'>

C. <class 'bool'>　　D. <class 'complex'>

33. 下面代码的输出结果是(　　)。

```
x=10
y=3
print(x%y,x**y)
```

A. 3 1000　　B. 1 30　　C. 3 30　　D. 1 1000

34. 执行如下代码：

```
import turtle as t
for i in range(1,5):
    t.fd(50)
    t.left(90)
```

在 Python Turtle Graphics 中，绘制的是(　　)。

A. 五边形　　B. 三角形　　C. 五角星　　D. 正方形

35. 设一年 356 天，第 1 天的能力值为基数，记为 1.0。当好好学习时能力值相比前一天会提高千分之五。以下选项中，不能获得持续努力 1 年后的能力值的是(　　)。

A. 1.005 ** 365　　B. pow((1.0 + 0.005),365)

C. 1.005 // 365　　D. pow(1.0 + 0.005,365)

36. 给出如下代码：

```
s = list("巴老爷有八十八棵芭蕉树，来了八十八个把式要在巴老爷八十八棵芭蕉树下住。巴老爷拔了八十八棵芭蕉树，不让八十八个把式在八十八棵芭蕉树下住。八十八个把式烧了八十八棵芭蕉树，巴老爷在八十八棵树边哭。")
```

以下选项中能输出字符“八”出现次数的是(　　)。

A. print(s.index("八"))　　B. print(s.index("八"),6)

C. print(s.index("八"),6,len(s))　　D. print(s.count("八"))

37. 下面代码的输出结果是(　　)。

```
vlist = list(range(5))
print(vlist)
```

A. 0 1 2 3 4　　B. 0,1,2,3,4,　　C. 0;1;2;3;4;　　D. [0, 1, 2, 3, 4]

38. 以下选项中，不是建立字典的方式是(　　)。

A. d = {[1,2]:1, [3,4]:3}　　B. d = {(1,2):1, (3,4):3}

C. d = {'张三':1, '李四':2}　　D. d = {1:[1,2], 3:[3,4]}

39. 如果 name = "全国计算机等级考试二级 Python"，则以下选项中输出错误的是(　　)。

A. print(name[:])
　全国计算机等级考试二级 Python

B. print(name[11:])
　Python

C. print(name[:11])
　全国计算机等级考试二级

D. print(name[0], name[8], name[- 1])
　全试

40. 下列程序的运行结果是(　　)。

```
s = 'PYTHON'>>> "{0:3}".format(s)
```

A. 'PYTH'　　B. 'PYTHON'　　C. 'PYTHON'　　D. 'PYT'

二、实操题

41. 实现以下功能：根据斐波那契数列的定义，F(0) = 0，F(1) = 1，F(n) = F(n − 1) + F(n − 2) (n≥2)，输出不大于 100 的序列元素。

例如：屏幕输出实例为

```
0,1,1,2,3,⋯(略)
```

提示：建议使用本机提供的 Python 集成开发环境 IDLE 编写、调试及验证程序。

42. 实现以下功能：a 和 b 是两个列表变量，列表 a 为[3, 6, 9]已给定，键盘输入列表 b，计算 a 中元素与 b 中对应元素乘积的累加和。

例如：键盘输入列表 b 为[1, 2, 3]，累加和为 1 × 3 + 2 × 6 + 3 × 9 = 42，因此，屏幕输出的计算结果为 42。

提示：建议使用本机提供的 Python 集成开发环境 IDLE 编写、调试及验证程序。

43. 实现以下功能：以 123 为随机数种子，随机生成 10 个在 1(含)到 999(含)之间的随机数，每个随机数后跟随一个逗号进行分隔，屏幕输出这 10 个随机数。

提示：建议使用本机提供的 Python 集成开发环境 IDLE 编写、调试及验证程序。

44. 计算两个列表 ls 和 lt 对应元素乘积的和(即向量积)，ls = [111, 222, 333, 444, 555, 666, 777, 888, 999]，lt = [999, 777, 555, 333, 111, 888, 666, 444, 222]。

提示：建议使用本机提供的 Python 集成开发环境 IDLE 编写、调试及验证程序。

45. 使用 turtle 库的 turtle.fd()函数和 turtle.1eft()函数绘制一个边长为 200 像素的正方形及一个紧挨四个顶点的圆形。效果如下：

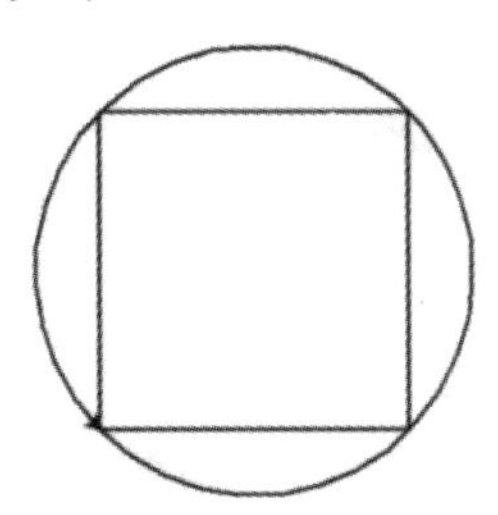

46. 获得用户的非数字输入，如果输入中存在数字，则要求用户重新输入，直至满足条件为止，并输出用户输入字符的个数。

提示：建议使用本机提供的 Python 集成开发环境 IDLE 编写、调试及验证程序。

模拟试题(一)参考答案

一、选择题

1. C　2. D　3. B　4. C　5. B　6. C　7. D　8. B　9. B　10. C
11. D　12. B　13. C　14. B　15. B　16. A　17. C　18. A　19. D　20. C
21. C　22. B　23. B　24. B　25. C　26. D　27. B　28. A　29. C　30. D
31. A　32. D　33. D　34. D　35. D　36. B　37. B　38. B　39. C　40. A

二、实操题

41.

```
import jieba
txt = input("请输入一段中文文本:")
ls=jieba.lcut(txt)
print("{:.1f}".format(len(txt)/len(ls))
```

42.

```
n = eval(input("请输入一个数字:"))
print("{:+^11}".format(chr(n-1)+chr(n)+chr(n+1)))
```

43.

```
n = eval(input("请输入正整数:"))
print("{:->20,}".format(n))
```

44.

```
txt = input("请输入类型序列: ")
tem = txt.split()
d = {}
for i in range(len(tem)):
    d[tem[i]]=d.get(tem[i], 0)+1
ls = list(d.items())
# print(d.items())
# print(ls) [('综合', 4), ('理工', 2), ('师范', 1)]
ls.sort(key=lambda x:x[1], reverse=True)   # 按照数量排序
for k in ls:
    print("{}:{}".format(k[0], k[1]))
```

45.

```
data = input()   #课程名 考分
d = {}
while data:
    t = data.split()
```

```
        d[t[0]] = t[1]
        data = input()
    ls = list(d.items())
    ls.sort(key=lambda x:x[1],reverse=True)
    max_course, max_grade = ls[0]
    min_course, min_grade = ls[len(ls)-1]
    average_grade = 0
    for i in d.values():
        average_grade = average_grade +int(i)
    average_grade = average_grade / len(ls)
    print("最高分课程是{} {}, 最低分课程是{} {}, 平均分是{:.2f}".format(max_course, max_grade,
min_course, min_grade, average_grade))
```

46.

```
import turtle as t
for i in range(3):
    t.seth(i*120)
    t.fd(200)
```

模拟试题(二)参考答案

一、选择题

1. B　2. D　3. B　4. C　5. B　6. A　7. D　8. B　9. D　10. B

11. A　12. D　13. C　14. C　15. A　16. C　17. C　18. A　19. B　20. D

21. C　22. D　23. B　24. C　25. B　26. C　27. D　28. D　29. C　30. A

31. D　32. D　33. D　34. D　35. A　36. D　37. D　38. B　39. A　40. A

二、实操题

41.

```
import jieba
txt = input("请输入一段中文文本:")

ls = jieba.lcut(txt)
for i in ls[::-1]:
    print(i,end="")
```

42.

```
import random
brandlist = ['华为', '苹果', '诺基亚', 'OPPO', '小米']
random.seed(0)
name = random.sample(brandlist,1)
print(name)
```

43.

```
import jieba

s = input("请输入一个字符串")

n = len(s)
m = len(jieba.lcut(s))
print("中文字符数为{}，中文词语数为{}。".format(n, m))
```

44.

```
import turtle
for i in range(4):
    turtle.fd(100)
    turtle.fd(-100)
    turtle.seth((i+1)*90)
```

45.

```
import turtle
turtle.pensize(2)
d = 0
for i in range(1, 9):
    turtle.fd(100)
    d += 360/8
    turtle.seth(d)
```

46.

```
f=open("name.txt")
names=f.readlines()
f.close()
f=open("vote.txt")
votes=f.readlines()
f.close()
f.close()

f=open("vote1.txt","w")
D={}
NUM=0
for vote in votes:
    num = len(vote.split())
    if num==1 and vote in names:
        D[vote[:-1]]=D.get(vote[:-1],0)+1
        NUM+=1
    else:
        f.write(vote)
f.close()

l=list(D.items())
l.sort(key=lambda s:s[1],reverse = True)
name=l[0][0]
score=l[0][1]
print("有效票数为：{} 当选村长村民为:{},票数为：{}".format(NUM,name,score))
```

模拟试题(三)参考答案

一、选择题

1. A　2. C　3. C　4. C　5. B　6. A　7. D　8. C　9. A　10. A
11. C　12. D　13. A　14. A　15. D　16. B　17. C　18. C　19. B　20. A
21. A　22. A　23. C　24. B　25. C　26. B　27. C　28. D　29. C　30. B
31. D　32. A　33. B　34. B　35. A　36. D　37. B　38. A　39. D　40. A

二、实操题

41.

```
ntxt = input("请输入 4 个数字(空格分隔):")
nls = ntxt.split()
x0 = eval(nls[0])
y0 = eval(nls[1])
x1 = eval(nls[2])
y1 = eval(nls[3])
r = pow(pow(x1-x0, 2) + pow(y1-y0, 2), 0.5)
print("{:.2f}".format(r))
```

42.

```
s = input("请输入一个字符串:")
print("{:=^20}".format(s))
```

43.

```
n = eval(input("请输入数量："))
if n == 1:
    cost = n * 160
elif n <= 4:
    cost = n * 160 * 0.9
elif n <= 9:
    cost = n * 160 * 0.8
else:
    cost = n * 160 * 0.7
print("总额为:",cost)
```

44.

```
import turtle
turtle.pensize(2)
d = 0
for i in range(1, 6):
```

```
    turtle.fd(100)
    d += 360/5
    turtle.seth(d)
```

45.

问题一：

```
f = open("vote.txt")
names = f.readlines()
f.close()
n = 0
for name in names:
    num = len(name.split())
    if num == 1:
        n+= 1
print("有效票{}张".format(n))
```

问题二：

```
f = open("vote.txt")
names = f.readlines()
f.close()
D = {}
for name in names:
    if len(name.split())==1:
        D[name[:-1]]=D.get(name[:-1],0) + 1
l = list(D.items())
l.sort(key=lambda s:s[1],reverse = True)
name = l[0][0]
score = l[0][1]
print("最具人气明星为:{},票数为：{}".format(name,score))
```

46.

```
import turtle
turtle.pensize(2)
d=0
for i in range(1, 13):
    turtle.fd(40)
    d += 360/12
    turtle.seth(d)
```

模拟试题(四)参考答案

一、选择题

1. D　2. B　3. D　4. A　5. C　6. A　7. A　8. B　9. A　10. A
11. D　12. A　13. B　14. D　15. D　16. B　17. B　18. C　19. D　20. A
21. D　22. C　23. A　24. C　25. B　26. B　27. D　28. D　29. C　30. A
31. D　32. B　33. D　34. D　35. C　36. D　37. D　38. A　39. D　40. B

二、实操题

41.

```
a, b = 0, 1
while a<=100:
    print(a, end=',')
    a, b = b, a + b
```

42.

```
a = [3,6,9]
b =   eval(input()) #例如：[1,2,3]
s = 0
for i in range(3):
    s += a[i]*b[i]
print(s)
```

43.

```
import random
random.seed(123)
for i in range(10):
    print(random.randint(1,999), end=",")
```

44.

```
ls = [111, 222, 333, 444, 555, 666, 777, 888, 999]
lt = [999, 777, 555, 333, 111, 888, 666, 444, 222]
s = 0
for i in range(len(ls)):
    s += (ls[i] * lt[i])
print(s)
```

45.

```
import turtle
turtle.pensize(2)
for i in range(4):
```

```
    turtle.fd(200)
    turtle.left(90)
turtle.left(360-45)
turtle.circle(100*pow(2,0.5))
```

46.

```
while True:
    s = input("请输入不带数字的文本:")
    flag = False
    for i in s:
        if '0' <= i <= '9':
            flag = True
    if flag == False:
        break
print(len(s))
```

参 考 文 献

[1] 陈东. Python 语言程序设计实践教程[M]. 上海：上海交通大学出版社，2019.

[2] 李东方，文欣秀，张向东. Python 程序设计基础[M]. 2 版. 北京：电子工业出版社，2020.

[3] WES MCKINNEY. 利用 Python 进行数据分析[M]. 徐敬一，译. 北京：机械工业出版社，2018.

[4] 江红，余青松. Python 程序设计与算法基础教程[M]. 2 版. 北京：清华大学出版社，2019.

[5] 董付国. Python 程序设计基础与应用[M]. 3 版. 北京：机械工业出版社，2021.

[6] 嵩天，礼欣，黄天羽. Python 语言程序设计基础[M]. 2 版. 北京：高等教育出版社，2017.

[7] 郭瑾，杨彬彬，刘德山. Python 3 程序设计学习指导与习题解答[M]. 北京：人民邮电出版社，2020.

[8] 赵璐. Python 语言程序设计教程[M]. 上海：上海交通大学出版社，2019.